2022 SHENZHEN
MARINE INDUSTRY
DEVELOPMENT
REPORT

2022年度深圳市海洋事业发展报告

深圳市规划和自然资源局（市海洋渔业局）◎编著

中国经济出版社
CHINA ECONOMIC PUBLISHING HOUSE
北京

图书在版编目（CIP）数据

2022年度深圳市海洋事业发展报告／深圳市规划和自然资源局（市海洋渔业局）编著．--北京：中国经济出版社，2023.11
ISBN 978-7-5136-7551-2

Ⅰ．①2… Ⅱ．①深… Ⅲ．①海洋经济-经济发展-研究报告-深圳-2022 Ⅳ．①P74

中国国家版本馆CIP数据核字（2023）第214871号

责任编辑　赵静宜
责任印制　马小宾
封面设计　久品轩

出版发行	中国经济出版社
印 刷 者	北京富泰印刷有限责任公司
经 销 者	各地新华书店
开　　本	880mm×1230mm　1/32
印　　张	6.25
字　　数	120千字
版　　次	2023年11月第1版
印　　次	2023年11月第1次
定　　价	98.00元

广告经营许可证　京西工商广字第8179号

中国经济出版社 网址 www.economyph.com 社址 北京市东城区安定门外大街58号 邮编 100011
本版图书如存在印装质量问题，请与本社销售中心联系调换（联系电话：010-57512564）

版权所有　盗版必究（举报电话：010-57512600）
国家版权局反盗版举报中心（举报电话：12390）　　服务热线：010-57512564

《2022 年度深圳市海洋事业发展报告》编辑委员会

主　编　王幼鹏

副主编　高尔剑　胡振宇

编　委　贾　放　刘　玮　史吉航　李俊琼

课题组　丁骋伟　蔡冰洁　李岱峰　邹毅人
　　　　汤婉月　韦懿原　刘思卿　喻炜易
　　　　刘艳霞　杨　超　崔镜如　万雅吉

前言 PREFACE

　　海洋是高质量发展战略要地，是融入世界的大通道，是支撑我国打造国内国际双循环相互促进新格局的重要载体。党的二十大报告明确提出，发展海洋经济，保护海洋生态环境，加快建设海洋强国。习近平总书记强调推动海洋科技实现高水平自立自强，加强原创性、引领性科技攻关，提高能源自给率，保障国家能源安全。广东省高度重视海洋事业发展，按照海洋强国建设部署，全面推动现代海洋城市建设，扎实推进海洋经济高质量发展，在打造海上新广东上持续取得新突破。2022年，深圳市深入贯彻党中央、国务院决策部署，推进全球海洋中心城市建设。

　　深圳濒临南海，毗邻港澳，位于"一带一路"的重要节点、粤港澳大湾区的核心区域，在发展海洋事业和服务海洋强国建设方面具备得天独厚的优势。在新时期发展背景下，深圳承担着中国特色社会主义先行示范区、粤港澳大湾区核心引擎、全球海洋中心城市等重大战略使命。《深圳市海洋经济发展"十四五"规划》提出，以建设"全球海洋中心城市"为总目标，构建统筹海洋经济发展格局，加快向海发展步伐,打造全国海洋经济高质量发展引领区、全球海洋科技创新高地,努力创建竞争力、创新力、影响力卓越的全球海洋中心城市、社会主义海洋强国战略城市范例。

《2022年度深圳市海洋事业发展报告》是服务深圳建设全球海洋中心城市的年度主题报告,围绕海洋产业、海洋科技、海洋生态文明、海洋开放合作和海洋综合管理等全球海洋中心城市建设内容,呈现2022年深圳海洋事业亮点和成绩,展示全球海洋中心城市建设新动态和前景。

在深圳市规划和自然资源局(市海洋渔业局)牵头和指导下,综合开发研究院(中国·深圳)可持续发展与海洋经济研究所和深圳全球海洋中心城市建设促进会联合课题组承担了《2022年度深圳市海洋事业发展报告》的研究和撰写工作,各章执笔人如下:

第一章:2022年海洋事业全球动态(丁骋伟 李岱峰)。

第二章:2022年深圳海洋事业发展亮点(丁骋伟 邹毅人)。

第三章:海洋产业——强化全球海洋竞争优势(蔡冰洁 汤婉月)。

第四章:海洋科技——嵌入全球海洋科创网络(蔡冰洁 韦懿原)。

第五章:海洋生态文明——凸显"蓝色文化"城市软实力(李岱峰 刘思卿)。

第六章:海洋开放合作——彰显全球海洋中心城市国际

影响力（邹毅人　喻炜易）。

第七章：海洋综合管理——海洋事业改革创新走在前列（汤婉月　韦懿原）。

第八章：深圳海洋事业发展展望（丁骋伟　蔡冰洁）。

衷心感谢深圳市政府各部门、各区政府部门、深圳市海洋相关协会及海洋企业的支持，感谢全体编写组成员的辛勤付出。编写组希望本报告能有助于政府部门决策，更希望有助于社会各界了解和参与深圳全球海洋中心城市建设。本报告观点是编写组的认识，难免有不妥之处，敬请各界批评指正。

《2022年度深圳市海洋事业发展报告》编辑委员会

2023年10月

目 录 CONTENTS

第一章 2022年海洋事业全球动态 ········ 001

第一节 全球海洋动态 ········ 004
一、全球海洋战略行动动态 ········ 004
二、全球海洋产业"数字化"趋势 ········ 011
三、全球海洋产业"绿色化"趋势 ········ 013
四、全球海洋产业"深海深地"趋势 ········ 015

第二节 全国海洋动态 ········ 016
一、海洋经济平稳发展显韧性 ········ 016
二、海洋科技创新引领提质量 ········ 018
三、海洋资源有序开发稳供给 ········ 027
四、三大需求平稳增长保发展 ········ 029
五、海洋经济绿色发展助转型 ········ 030
六、"海洋十年"中国委员会成立 ········ 031

第二章 2022年深圳海洋事业发展亮点 ········ 035

第一节 海洋发展顶层设计逐步深化 ········ 037

第二节 海洋产业集群体系日趋完善 ………………… 040

第三节 海洋科技创新能力持续增强 ………………… 043

第四节 海洋生态文明建设初见成效 ………………… 045

第五节 海洋开放与合作打开新局面 ………………… 047

第六节 海洋综合管理能力加快提升 ………………… 048

第七节 海洋事业标杆项目成果丰硕 ………………… 050

  一、首台"海空一体无人机" …………………………… 050

  二、首个规模化陆源入海污染物监测系统 …………… 051

  三、首个深圳绿色航运基金投资项目 ………………… 051

  四、首个以珊瑚为主题的国家级海洋牧场示范区 …… 051

  五、首艘深水半潜式钻井平台"奋进号"的进出
    坞作业 ……………………………………………… 052

  六、首台 40 英尺液氮罐式集装箱 ……………………… 052

  七、首条空海特色海上观光航线正式开航 …………… 053

  八、首次保温保压天然气水合物样品获取 …………… 053

  九、首套自主研发深水油井水下采油树投用 ………… 053

  十、首个具备 LNG 加注服务能力的华南地区枢纽港 … 054

第三章 海洋产业——强化全球海洋竞争优势 ………… 055

第一节 深圳市海洋经济总体情况 …………………… 057

第二节 深圳市海洋产业发展情况 …………………… 062

  一、海洋交通运输业 …………………………………… 062

  二、滨海旅游业 ………………………………………… 065

三、海洋能源与矿产业 ·················· 067
   四、海洋渔业 ························ 070
   五、海洋工程和装备制造业 ·············· 073
   六、海洋电子信息业 ···················· 075
   七、海洋生物医药业 ···················· 077
   八、海洋现代服务业 ···················· 079

第三节 深圳市海洋产业空间发展情况 ·············· 083
   一、深圳海洋产业空间格局 ·············· 083
   二、海洋产业园区建设情况 ·············· 084

第四节 深圳沿海区域海洋经济发展状况 ·············· 100
   一、南山区 ·························· 100
   二、福田区 ·························· 101
   三、宝安区 ·························· 103
   四、盐田区 ·························· 105
   五、大鹏新区 ························ 111
   六、前海合作区 ······················ 115
   七、深汕特别合作区 ·················· 121

第四章 海洋科技——嵌入全球海洋科创网络 ············ 125

第一节 推动海洋科技创新能力提升 ················ 127
   一、海洋科技创新影响力显著增强 ········ 127
   二、海洋关键领域技术取得重要进展 ······ 128
   三、积极推动重大海洋科技项目 ·········· 129

第二节　完善科技创新重大基础设施 …………… 129
　一、推进深圳海洋大学和深海科考中心一体化
　　建设 ………………………………………… 129
　二、海洋综合试验场稳步推进 ………………… 130
　三、海洋科创平台建设步伐加快 ……………… 130
　四、海洋科技创新载体逐步健全 ……………… 131
第三节　强化海洋科技资金导向作用 …………… 132
　一、海洋科技创新专项资金逐步完善 ………… 132
　二、加大海洋科技创新扶持力度 ……………… 132
第四节　着力提升海洋科研教育水平 …………… 133
　一、海洋基础科研成果产出增加 ……………… 133
　二、海洋人才政策体系优化升级 ……………… 138

第五章　海洋生态文明——凸显"蓝色文化"城市软实力 ………………………………………… 139

第一节　海洋生态环境保护取得新成效 ………… 141
　一、完善海洋生态环境保护机制 ……………… 141
　二、加大近岸海域污染监管力度 ……………… 143
　三、完善海洋生态法律法规体系 ……………… 145
　四、探索生态产品价值实现机制 ……………… 145
第二节　蓝色生活发展开创新局面 ……………… 146
　一、建设山海连城的公园深圳 ………………… 146
　二、打造湾区滨海旅游新引擎 ………………… 147

三、打造"美丽海湾"建设典范 ········ 149
　第三节　海洋文化建设迈出新步伐 ········ 150
　　一、推动海洋文化设施建设 ········ 150
　　二、策划海洋文化系列活动 ········ 151
　　三、打造海洋赛事品牌活动 ········ 155

第六章　海洋开放合作——彰显全球海洋中心城市国际影响力 ········ 157
　第一节　成立海洋国际发展合作平台 ········ 159
　第二节　打造海洋国际交流服务平台 ········ 160
　第三节　加强国际海洋科技创新合作 ········ 161
　第四节　响应《"海洋十年"中国行动框架（草案）》 ········ 163

第七章　海洋综合管理——海洋事业改革创新走在前列 ········ 165
　第一节　加强海洋资源管理保障 ········ 167
　第二节　提升海洋精细化管理水平 ········ 169
　第三节　海洋综合执法提质增效 ········ 171
　第四节　推动海洋防灾减灾体系建设 ········ 175

第八章　深圳海洋事业发展展望 ········ 179
　第一节　重指引——完善海洋制度体系，规划推动陆海统筹 ········ 181

第二节 激活力——促进重大项目落地，助力优化发展环境 …………………………………… 181

第三节 稳经济——培育壮大产业集群，释放经济发展潜力 …………………………………… 182

第四节 强支撑——强化基础设施支撑，赋能海洋高质量发展 ………………………………… 182

第五节 求创新——奋力提升科创水平，打通海洋科技创新链 ………………………………… 183

第一章
2022年海洋事业全球动态

党的十八大以来，习近平总书记高度重视海洋强国建设，多次发表讲话论述了建设海洋强国的战略目标、发展路径、实践意义等内容。建设海洋强国对推动经济持续健康发展，对维护国家主权、安全、发展利益，对实现全面建成小康社会目标，进而实现中华民族伟大复兴都具有重大而深远的意义。在党和国家的大力支持下，我国在党的十九大时提出"坚持陆海统筹，加快建设海洋强国"的战略部署，我国海洋事业发展方向更加明晰。坚持陆海统筹，大力发展海洋经济，推动海洋生态文明建设，提升海洋科学技术，扎实推进海洋强国建设，对我国海洋城市发展具有重大指导意义。党的二十大胜利召开，党的二十大报告明确提出，发展海洋经济，保护海洋生态环境，加快建设海洋强国。新时代十年来，党中央、国务院高度重视海洋工作，将海洋视为未来国家高质量发展的战略高地、资源宝地和能源要地，优化蓝色空间、打造蓝色引擎、激发蓝色动能，建设海洋强国也是实现"两个一百年"奋斗目标、实现中华民族伟大复兴的中国梦的题中应有之义。

第一节 全球海洋动态

一、全球海洋战略行动动态

"海洋科学促进可持续发展十年"（简称"海洋十年"）持续新增计划。2021年"海洋科学促进可持续发展十年"正式启动，联合国发布《海洋科学促进可持续发展十年（2021—2030年）实施计划摘要》，明确"海洋十年"的愿景、目标、预期成果、面临的挑战、行动框架、管理和协调机制、评估程序等内容。提出"构建我们所需要的科学，打造我们所希望的海洋"的愿景，提出三大行动目标：确定可持续发展所需的知识，提高海洋科学提供所需海洋数据和信息的能力；开展能力建设，形成对海洋的全面认知和了解，包括海洋与人类的相互作用、海洋与大气层和冰冻圈的相互作用以及陆地与海洋的交互关系；加强对海洋知识的利用以及对海洋的了解，开发有助于形成可持续发展解决方案的能力。2022年12月，联合国"海洋科学促进可持续发展十年"又批准十余项新的内容，包括海洋环境教育计划、国家海岸状况评估、"海洋十年"海啸计划、亚太地区加快落实可持续发展目标、印度洋地区十年合作中心等，涉及生态系统健康、海洋观测、海啸预警系统、海洋素养、支持决策等议题。"海洋十年"已批准45个全球计划、200多个项目和60多个捐助，已有31个国家成立"海洋十年"国家委员会。2023 年 3 月,"海洋十年"宣布 35 项新获批行动,旨在应对"海洋十年"挑战 3——以可持续方式养活全球人口,挑战 4——开发公平且可持续的海洋经济以及挑战 9——面向所有人的技能、知识和技术,从而加强基于知识的解决方案,助推海洋可持续发展的全球势头。

专栏 1-1 "海洋十年"宣布 35 项新获批行动

"海洋十年"行动从上至下依次分为计划(programmes)、项目(projects)、活动(activities)和贡献(contributions)4 个层级,以实现"海洋十年"的目标并应对其挑战。为实现"可持续和物产丰盈的海洋"这一愿景,为渔业、水产养殖管理以及不同经济部门决策活动提供支撑的知识和工具至关重要。在此次获批的"海洋十年"行动中,2 项大科学计划将通过协作式手段面向可持续蓝色食物提供新的知识和解决方案。这两项新获批的大科学计划将与已有的 45 项"海洋十年"大科学计划一道,为我们想要的海洋提供我们所需要的科学,而这正是"海洋十年"的愿景所在。具体而言,由法国国家可持续发展研究所(French National Research Institute for Sustainable Development)牵头的"非洲地区营养敏感型海洋水产养殖"(Nutrition sensitive marine aquaculture in Africa）计划将通过采取营养敏感型手段促进非洲地区可持续海洋水产养殖的发展，从而促进该地区粮食和营养安全、减贫和创收。由斯坦福海洋解决方案中心（Stanford Center for Ocean Solutions）牵头的"为人类和地球创造可持续蓝色食物的未来"（Sustainable Blue Food Futures for People & Planet）计划将以蓝色食物研究、政策及其实施过程中取得的进展为基础，进一步深化对于蓝色食物在食物系统变化中潜力和局限性的认识，更好地将蓝色食物纳入粮食、气候和自然政策中，制定一系列蓝色食物解决方案举措，并改善获取蓝色食物数据的途径。

新获批的"海洋十年"行动还包括23个周期较短、重点更突出的项目，涉及能力建设、生物多样性保护、环境DNA、观测和海底绘制等方面。其中包括由联合国教科文组织政府间海洋学委员会（IOC-UNESCO）通过其"国际海洋学数据和信息交换"（IODE）计划牵头的"海洋生物多样性信息系统2030——海洋十年行动生物多样性数据中心"（OBIS 2030—The biodiversity data hub for the Ocean Decade Actions）项目。

为加强海洋科学的协同设计，从而到2030年实现"一个健康且有复原力的海洋"，IOC-UNESCO执行秘

> 批准了 7 项贡献，主要涉及以人为本的研究、渔业管理和蓝色技术。此外，"海洋十年"的全球伙伴网络进一步扩大。以下 3 个机构被指定为"海洋十年"执行伙伴，致力于通过协调现有的"海洋十年"行动、推动新倡议、牵头有针对性的沟通和宣传以及资源调动活动支持"海洋十年"：①总部设在比利时的"欧洲海洋观测和数据网络"（EMODnet）；②总部设在英国的全球海洋观测伙伴关系（POGO）；③总部设在比利时的佛兰德海洋研究所（VLIZ）。

联合国教科文组织发布海洋计划。联合国教育、科学及文化组织（UNESCO）发布《UNESCO 海洋计划》报告，重点介绍五个领域：测量与认知，涉及全球海洋观测系统、海洋测绘——海洋水深图、海洋生物多样性信息系统、海洋脱氧、海洋酸化、环境 DNA 研究、蓝碳、数据与信息；预警，涉及全球海啸预警系统、有害藻华计划；评估与管理，涉及海洋报告、海岸及海洋管理——海洋空间规划；教育与能力，涉及全球海洋教师学院、海洋素养；保护与传播，涉及 50 个 UNESCO 海洋世界遗产地、水下文化遗产、海洋非物质文化遗产、生物圈保护区、地质公园。

美国发布首个太平洋伙伴关系战略。2022 年 9 月，美国首次签署并发布《美国的太平洋伙伴关系战略》（Pacific

Partnership Strategy of the United States），该战略指出太平洋岛屿和美国的历史与未来紧密相关，同时提出4项目标：加强美国与太平洋岛屿伙伴关系；强化太平洋岛屿区域与世界的互联互通；打造一个能够应对气候危机和其他21世纪挑战且具有韧性的太平洋岛屿地区；为太平洋岛国人民赋能并确保其繁荣。

美国发布《2022—2028年海洋科技机遇与行动》。2022年3月，美国国家科学技术委员会（National Science & Technology Council，NSTC）发布《2022—2028年海洋科技机遇与行动》报告，提出了3个交叉主题：气候变化、具有韧性的海洋科技基础设施、多元化且具有包容性的蓝色劳动力队伍。

英国发布《国家海洋安全战略》。2022年8月，英国政府在时隔8年后再度发布《国家海洋安全战略》，该战略为期5年，旨在强化技术、创新及网络安全能力，有效管控英国本土及全球的威胁和风险，捍卫英国"世界一流海洋大国"地位。新版战略将海上安全定义为"维护法律、规范与原则，实现海上领域的自由、公平和开放"，并聚焦于五大战略目标：保卫国土安全，为英国边界、港口和基础设施建立全球最有效的海上安全框架；应对威胁，采取"全政府"途径，构建世界一流的专业海上安全能力，反制各类新兴威胁；确保繁荣，确保国际航运安全，商品、信息和能源运输畅通，为全球发展和英国的经济繁荣提供源源不断的支持；捍卫普世价值，捍卫基于自由航行和国际秩序的全球海洋安全；支持安全、弹性的海洋环境，阻止威胁安全和破坏规范，以及可能对清洁、健康、安全、富饶、生物多样性的海上环境构成影响的行为。

欧盟发布《2022年欧盟蓝色经济报告》。2022年5月，欧盟委员会海事和渔业总局（DG MARE）和联合研究中心（JRC）发布第5版欧盟蓝色经济报告，全面概述欧盟蓝色经济部门的最新趋势，提供针对特定行业的社会经济知识，以支持政策制定者、蓝色经济运营商和利益相关者做出明智决策。报告中，EMODnet（该联盟的合作伙伴）被列为综合、协调的原地海洋数据的关键资产，人类活动成为欧盟国家海洋空间规划（MSP）的联络点。欧洲海洋地图集在欧洲海洋扫盲联盟（EU4Ocean）和欧盟海洋规划的背景下得以强调。

欧盟发布《欧盟国际海洋治理新议程》。2022年6月，欧盟委员会发布《欧盟国际海洋治理新议程》，提出欧盟为实现海洋安全、清洁和可持续管理将采取的行动。新议程纳入了气候变化、生物多样性危机等因素，将为实现《欧洲绿色协议》发挥海洋的重要作用，并向世界展示欧盟对全球海洋事务的积极参与。主要行动包括制止和扭转海洋生物多样性的丧失；禁止深海采矿；对非法、未报告和无管制的捕捞活动采取零容忍的态度，确保渔业可持续发展；到2024年缔结一项具有法律约束力的全球塑料协议，以对抗海洋污染；确保海上安全；等等。

俄罗斯批准《2035年前北方海航道发展计划》。俄政府批准《2035年前北方海航道发展计划》，以继续发展北方海航道配套基础设施，确保为俄北极地区人口提供安全可靠的货运保障，以及为俄北极地区投资项目的实施提供有利条件。该计划共包括150余项活动，其中涉及：建造液化天然气转运终端和海上过境货运枢纽港，建设北极地区紧急救援船队和冰级货船，打造俄北极卫星集群，为航运活动提供水文气象和导航保障等。

大西洋国家签署《大西洋研究与创新联盟宣言》。2022年7月，来自欧盟、巴西、南非、加拿大、美国、摩洛哥、阿根廷和佛得角的代表在华盛顿签署了《大西洋研究与创新联盟宣言》(All-Atlantic Ocean Research and Innovation Alliance Declaration)，共同启动大西洋研究与创新联盟（AAORIA），签署国承诺将在海洋研究、数据共享和基础设施建设方面开展更紧密的合作。该协议是建立大西洋海洋学家之间联系的最新尝试，在过度捕捞、塑料污染和海洋酸化危害加剧的背景下，旨在加深对大西洋的认识。

中国发布《蓝色伙伴关系原则》。2022年6月，联合国海洋大会在葡萄牙里斯本召开期间中国自然资源部主办了"促进蓝色伙伴关系，共建可持续未来"边会，并发布了《蓝色伙伴关系原则》。《蓝色伙伴关系原则》旨在自愿和合作的基础上，通过共商、共建全球蓝色伙伴关系，共享蓝色发展成果，促进《联合国2030可持续发展议程》，协同推进《联合国海洋法公约》《生物多样性公约》《巴黎协定》和其他涉海国际文书的实施进程，并推动其承诺和目标的实现。实现共同保护海洋，科学利用海洋，增进海洋福祉，共促蓝色繁荣，共享蓝色成果，共建蓝色家园的愿景。

二、全球海洋产业"数字化"趋势

数字化是世界海洋经济发展的内生动力。以物联网、云计算、大数据等智能信息技术为支撑基础的智慧海洋已成为海洋信息化发展的主要趋势。

积极投入"数字海洋"建设。美国伍兹霍尔海洋研究所化学传感器实验室研发出用于现场监测水中塑料颗粒数量的传感器，可助力相关部门开展微塑料污染状况监测和评估，加强海洋微塑料问题治理。欧盟启动"海洋数字孪生"计划，利用哥白尼卫星、浮标和水下无人机等海洋基础设备，通过高性能计算，将收集的原始数据转化为实时信息和预测数据，并向全球用户开放，为科学家和政策制定者提供海洋科研和决策支持，推动海洋和沿海栖息地的保护和恢复，缓解和适应气候变化。欧盟哥白尼海洋计划第二阶段（2022—2028年）正式启动，重点是增强计划的连续性、重视信息服务、发展数字集成技术、加强与欧洲海洋观测数据网等项目的联系。欧洲海洋能源中心、法国海洋开发研究院及多位海洋可再生能源专家合作开发了海洋数据工具箱，工具箱整合了西北欧地区27年的海洋数据及分析工具，为开发者提供范围广泛、简单易用的海洋数据集，从而改进工程设计，优化海洋环境作业，减少波浪和潮汐能源技术发展的障碍。多国科研机构共建全球珊瑚礁云端大数据平台，该平台可利用人工智能分析等手段，从全球珊瑚礁监测图像中快速提取科学数据，并将标准化后的数据进行共享，以便实时共享全球珊瑚礁监测数据，强化各地科研机构的合作。

海工装备智能化。韩国船舶与海洋工程公司（JD）集成海面无人机自动避让技术。该无人机重5千克，最长续航5小时，速度3米/秒，该公司将继续开发海上无人机在海底地形调查、海洋垃圾收集和漏油应急响应等方面的技术。法国海洋开发研究院（IFREMER）、国家信息与自动化研究所（INRIA）、布雷斯特大学、雷恩第一大学和布雷斯特矿业与电信研究院等单位联合创建了海洋动力学观察分析团队（ODESSEY）。英国海上可再生能源中心将与国家机器人中心合作，研发海上低接触能源机器人及自主系统（Olter）。Olter是净零技术转型计划（NZTTP）的一部分，旨在为苏格兰开发机器人服务产业，实现机器人产业规模化和商业化，支持海上能源产业和供应链。

海洋观测工作取得突破。世界各海洋国家不断强化海洋观测能力，通过出台海洋观测战略与计划、拓展海洋观测区域范围、强化海洋观测手段和硬件配套，增强了偏远海域的可及性。英国国家海洋学中心在大西洋成功布放15个生物地球化学Argo剖面浮标，收集海表至2000米水深之间的压力、温度、盐度、pH值、溶解氧、硝酸盐、叶绿素和光照水平等数据，标志着英国海洋观测能力进一步提高。韩国开发水下无线通信网技术，实时监测周边海域海底灾害，探测海底地震源的精确位置和地震规模，并用于海洋油气勘探、海洋安全保障、海洋环境保护等领域。德国启动"海洋智能传感器数据空间 X"项目，建立基于云计算的数据库，绘制高精度海洋图像，打造"数字海洋生态系统"。

三、全球海洋产业"绿色化"趋势

脱碳化和打造蓝色海洋正成为全球共识，海洋新能源、绿色航运、蓝色海洋等取得重要进展。

海洋新能源开发"加速跑"。美国大气和海洋管理局（NOAA）和海洋能源管理局（BOEM）签署合作备忘录，于 2030 年前在美国领海内建设 30 GW 的海上风电设施，推进美国海上风能发展，促进海洋资源和空间利用。美国能源部（DOE）发布《海上风能战略》，指出到 2030 年美国海上风电装机容量需达到 30 吉瓦以实现 CO_2 减排 7800 万吨，并刺激每年超过 120 亿美元的资金投入。美国能源部发布新版《海上风电市场报告》，报告指出，在国家促进海上风能利用的条件下，美国海上风能的技术开发潜力超过 4200 吉瓦，即发电量 13500 太瓦时/年。丹麦、瑞典、芬兰、德国、波兰、拉脱维亚、立陶宛和爱沙尼亚等八国签署《马林堡宣言》发展海上风电，计划到 2030 年将波罗的海地区的海上风电装机容量从目前的 2.8 吉瓦提高至 19.6 吉瓦。世界海上风能转氢能委员会成立,重点关注其价值链、融资、监管及风险,旨在加速世界各地商业规模的海上风能转氢能部署。

聚焦于航运绿色低碳发展。美国环保协会(EDF)发布《海事改进:投资者在全球航运脱碳中的作用》,报告分析了航运业脱碳所需的一系列效率、运营和燃料相关战略,通过采取措施测试和降低新燃料途径的风险,为该行业降低长期成本并管理未来价格或燃料供应冲击的风险。韩国产业通商资源部发布《确保造船产业超级差距战略》,提出推进LNG船核心技术的国产化以及碳减排技术和零碳船舶的开发,从2024年到2029年完成液氢运输船的示范建造并提前实现商用化。挪威船级社发布《面向2050年的海事展望》,报告更新了对于航运脱碳的相关法规、驱动因素、未来技术展望。

加快推进蓝碳资源开发与利用。澳大利亚首次发布国家海洋生态系统账户,收集红树林和海草(即蓝碳生态系统)碳储存和沿海保护效益的信息。同时,投资950万美元支持5个新的蓝碳生态系统恢复项目,并批准《创建全球蓝碳联盟联合宣言》。苏格兰海洋科学协会牵头"蓝碳绘制"(Blue Carbon Mapping)计划,届时英国将成为首个完整绘制蓝碳储量分布的国家。海洋负排放国际大科学计划总部启用,通过推出中国领衔制定的海洋负排放标准体系,为实现中国乃至世界碳中和目标贡献智慧和力量。《海洋碳汇核算方法》(HY/T 0349—2022)发布,规定了海洋碳汇核算工作的流程、内容、方法及技术等要求,填补了该领域的行业标准空白。

四、全球海洋产业"深海深地"趋势

深海深地作为战略空间和战略资源在国家安全和发展中的战略地位日益凸显，近年来成为主要国家重点布局领域。日本政府计划在小笠原群岛的南鸟岛海域 6000 米深海底开采稀土，2023 年进行技术开发以确立开采方法，力争在 5 年内试采。英国水文局与日本国际交流基金会就"全球海洋通用制图计划海床 2030 项目"签署了合作谅解备忘录，共同推进深海大洋制图工作。按照协议，英国水文局将通过"海床 2030 项目"提供大洋水深数据、网格化地图产品等，为实现到 2030 年完成全球海底制图的目标提供支持。俄罗斯联合造船集团将建造深海载人潜水器，用于维护海上天然气管道。该深海载人潜水器将配备高强度透明丙烯球形耐压壳，并根据功能配备潜水设备、悬吊系统、液压系统，可搭载 2 名操作员，下潜深度 2250 米。"奋斗者"号完成首次中国—新西兰联合深渊深潜科考航次第一航段任务，本航次是国际上首次在克马德克海沟区域开展大范围、系统性的载人深潜调查，采集了丰富的深渊宏生物、岩石和沉积物样品。加拿大研发深海自动采矿机器人 Eureka 1，并完成首次水池试验，成功地在 25 米水深有选择性地抓取多金属结核。中国国家深海基地项目通过竣工验收，这是我国第一个、世界第五个深海技术支撑基地。项目试运行以来，"蛟龙""海龙""潜龙"深潜装备、"深海一号"科考船正式入驻，在载人潜水器作业应用技术等方面发挥了引领作用,在深渊科学研究、资源与环境精细化勘查领域实现了新突破。

第二节 全国海洋动态

一、海洋经济平稳发展显韧性

2022年我国海洋经济总量平稳增长。在国内外纷繁复杂的形势下,海洋经济顶住压力,实现平稳增长。按照《海洋及相关产业分类》(GB/T 20794—2021),2022年海洋生产总值初步核算数为94628亿元,比上年增长1.9%,占国内生产总值的比重为7.8%,与上年持平。其中,海洋第一、第二、第三产业占比为4.6∶36.5∶58.9,第二产业占比较上年提高1.9个百分点。因受新冠疫情影响,分季度看海洋经济呈"V"形起伏态势,韧性凸显。一季度海洋经济实现平稳开局;二季度受东南沿海地区疫情反复延宕影响,海洋产业链供应链不畅,沿海港口货物吞吐量、海船完工量同比分别下降1.5个和4.5个百分点,海洋产业下行明显;三、四季度海洋产业主要指标稳步回升,全年海洋经济实现平稳发展。

海洋产业发展蓄势聚能。海洋传统产业实现平稳发展,海洋渔业转型升级深入推进,智能、绿色和深远海养殖稳步发展,海洋水产品加工业总体保持平稳;海洋油气产量继续平稳较快增长,海上油气勘探开发向深远海拓展;海洋矿业、海洋工程建筑业实现较快增长,采矿装备技术进步加快,跨海桥梁、海底隧道、沿海港口、海上油气等多项重大工程有序推进;海洋船舶工业、海洋交通运输业实现较快增长,海船完工量、新承接海船订单、年底手持海船订单三大造船指标继续位居世界第一,海洋货运量实现稳定增长;海洋盐业、海洋化工业产量有所下降;滨海旅游业受新冠疫情散发贯穿全年影响,增加值比上年下降 10.3%。海洋新兴产业保持较快增长势头,增加值达 1926 亿元,比上年增长 7.9%,其中海上风电发电量比上年增长 116.2%;海工装备制造业新承接订单金额比上年增长 175.9%;一批海水淡化项目在浙江、山东、河北等地顺利投产,新增产能超 50 万吨/日。

蓝色金融助力海洋经济高质量发展。政府部门持续加强政策引导,各类金融机构加大对海洋经济发展的支持力度。青岛、深圳等地出台推进海域使用权抵押贷款和指导银行业保险业推动蓝色金融发展的政策文件。银行和保险机构开展"海域使用权抵押融资"业务,推出"鲍鱼价格指数保险"等海洋特色产品。蓝色债券市场规模不断扩大,2022 年国内发行蓝色债券 16 只,发行规模达 111 亿元,主要投向海上风电、海水淡化和深海养殖等领域。部分地方相继建立海洋产业基金支持海洋产业发展,如福建省成立规模 200 亿元的海洋经济产业投资基金。

二、海洋科技创新引领提质量

平台建设促进科技创新服务能力提升。国家级海洋科技创新平台建设不断推进，国家海洋综合试验场体系基本构建，满足多类型多场景海试需求。崂山实验室正式列入国家实验室，推动高水平海洋科技自立自强。沿海地区竞相打造海洋科技创新高地，组建创新研究院、工程实验室等创新平台，集聚创新要素，促进成果产业化和带动产业集群化发展。

技术突破驱动海洋新兴产业成长。海洋技术不断引进突破为海洋新兴产业发展提供源源动力，促进海洋战略性新兴产业稳定发展。单机容量18兆瓦海上风电机组和126米海上风电叶片成功下线，"扶摇号"深远海浮式风电装备示范应用，推动了海上风电向深远海拓展。一类新药"注射用BG136"成为国际首个进入临床试验的抗肿瘤海洋多糖类药物，"蓝色药库"的开发有望进入新阶段。

高端装备制造助推海洋传统产业升级。高端装备制造的快速发展为海洋传统产业转型升级奠定基础和提供条件，成为带动传统产业升级的重要引擎。我国自主设计建造的深水导管架平台"海基一号"正式投产，自主研发的深水水下采油树系统成功投用，解锁我国深水油气开发新模式。10万吨级大型养殖工船"国信1号"交付使用，开启海洋渔业深远海智能化养殖新时代。世界首艘140米级打桩船"一航津桩"交付使用，有效提升海洋工程建筑施工能力。

专栏1-2　2022年中国十大海洋科技进展

中国海洋学会联合中国学会、中国海洋湖沼学会、中国航海学会、中国指挥与控制学会、中国大洋矿产资源研究开发协会评选出2022年中国十大海洋科技进展（排名不分先后）。

1. 首次从能量学角度阐释气候演变的低纬驱动

海洋是地球气候系统最大的热储库。人为释放 CO_2 所产生的过剩热量，90%以上进入了海洋。要探索海洋热含量变化机制，仅靠仪器观测记录不足，亟须长期地质记录来解答。

采用浮游有孔虫表层种和温跃层种的壳体地球化学，重建过去36万年以来西太平洋暖池上层（0~200米）海洋热含量，与地球气候系统模式CESM瞬变数值模拟的结果一致；同时，重建的表层海水剩余氧同位素也与热含量变化一致，而与中国石笋记录的大气降雨氧同位素在岁差周期上反相位变化，说明上层海洋热含量可以通过季风/台风调控海洋和大陆之间的水汽传输和氧同位素分馏。该研究从上层海洋热含量（而非表层海水温度）的角度探索水汽转换的潜热传输，第一次从能量学角度阐释了低纬海洋过程在气候演变中的驱动作用。

研究成果于 2022 年 10 月发表在 Nature 上，被认为"揭示了低纬水热循环的轨道驱动机制，挑战了气候演变理论的传统认识"，得到了国内外媒体的广泛报道，产生重要影响。

2. 30 年洋流记录显示热带气旋增强

台风是世界上最严重的自然灾害之一。台风强度是目前台风预报的难点，其变化也一直是国际前沿科学问题。解决这些难点有两个挑战：①传统的台风强度估计主要基于卫星云图，存在较大主观性。即使针对同一个台风，不同业务机构给出的强度估计也常存在较大差异。②近 20 年的理论研究指出海洋变暖会导致台风增强，但因缺乏现场直接观测资料，一直存在争议。最新研究表明，海表面漂流浮标（drifter）观测的高精度海洋混合层流速可用于估算台风强度。通过分析 1991—2020 年全球大量 drifter 观测的混合层流速数据，发现最近 30 年占全球 70% 的弱台风无论在全球尺度还是海盆尺度上都存在明显的增强趋势。该方法可用于全球所有台风的强度变化分析，为进一步提高台风模拟和预测精度提供了重要基础。另外，最近 30 年全球弱台风显著增强这一发现，在一定程度上证实了全球气候变暖导致台风增强的理论，将有助于提高对未来台风强度变化的预估。相关研究成果以 Ocean currents show global intensification of weak tropical cyclones 为题发表于 *Nature* 期刊，并被 *Nature* 选为 *News & Views* 特评。

3. 全球海表油膜遥感监测

海面油膜是漂浮于海洋表面的烃类化合物薄层，其来源包括海底油气藏的天然烃渗漏，船舶、油气平台/管道及陆源排放等，其中人类活动产生的油膜对海洋生态环境的影响更大，但界定不同来源的贡献仍存在很大的不确定性。研究克服全球海面油膜分布广泛、位置不定、过程短暂、形态多变等难点，利用 2014—2019 年 56 万余景 Sentinel-1 遥感影像，提出了半自动化海面油膜识别—提取—分类框架，首次建立了全球 10 米分辨率海面油膜数据集，构建了迄今为止最为全面、位置明晰的海面油膜持续固定排放源清单。研究发现全球海面油膜近岸分布特征明显；首次观测到 21 条与航线高度吻合的高密度油膜带；人类活动是全球海面油膜的最主要来源，其比例远高于自然源油膜，与 1990—1999 年估算结果相比占比增长近一倍。以上发现改善了对海面油膜自然源与人为源贡献比例的结构性认知，为协同海洋能源开发、石油污染治理、海洋环境监管等提供了重要的数据支撑与决策依据。成果发表于 *Science* 并被遴选为亮点论文。

4. 海洋激光遥感的关键技术与应用

该科技进展围绕国家海洋环境立体剖面遥感测量的技术难点和发展我国海洋激光卫星的迫切需求,突破了机载蓝绿双波长海洋激光遥感技术、海洋体散射函数小角度测量技术、船载海洋激光雷达系统可调视场探测技术等三大关键技术,形成了船载海洋激光雷达遥感技术、机载海洋激光雷达遥感技术、星载海洋激光雷达系统指标论证、海洋激光雷达辐射传输模型和主被动海洋光学遥感融合技术等五大标志性成果,取得了多种不同体制船载海洋激光探测设备研制和综合试验、星载海洋激光雷达系统技术指标论证、基于实测水体偏振散射相函数的海洋激光辐射传输模型等三大创新点,为我国未来海洋激光卫星的探测新体制积累了经验,储备了技术。有助于提高我国海洋环境安全信息保障能力,推动我国海洋光学遥感技术的跨越式发展。

5. 海底地震仪主动源探测国际标准发布

2022年5月,国际标准化组织(ISO)发布《船舶与海洋技术——海底地震仪主动源探测技术导则》,这是由我国主持制定的首项海洋地球物理调查国际标准。该标准的实施有利于促进各国海底地震仪技术性能的提高和数据格式的统一,有效地促进不同国家在海底资源调查、开发、利用领域的国际合作。

长期以来，海底地震仪（OBS）广泛应用于国际地学综合研究计划的海上地球物理调查工作中，在包括深部结构研究、海洋防灾减灾、海洋声场探测等方面取得了显著效果。但海底地震仪主动源探测技术要求复杂，不同国家生产的OBS在仪器性能、操作流程和数据格式上各有差异，亟须规范OBS的设备测试和成果评估方法。依托我国自主研发的OBS，将水声应答、释放机制、采集模式、姿态地震计等自主创新的关键技术成果转化为国际标准，可极大地提高海底地震仪主动源探测的成果数据质量，推动海底地震调查领域的健康发展。

6. 基于无人船艇集群的近海海域海底基础调查

近海海域岛礁众多，海况复杂，传统测绘手段风险高、耗时长、成本高。2022年，相关科研人员积极探索了无人艇集群测绘作业模式，为海洋调测提供了新思路。

通过"1艘母船+5艘无人船"的集群作业，首次突破了动态协同组网、联合海洋环境参数在线估计、全局障碍物场综合感知、障碍物联合感知、多级最优避障策略等技术难题，构建了适用于复杂海洋环境下的无人船集群环境感知与协同运动控制技术体系。仅用时55天，完成了超过2700平方千米海域面积测量，测线总里程高达25000千米，提升效率近5倍，总体作业成本下降30%以上，被《人民日报》称为新时代的两万五千里"海上长征"。

此次探索为查明大湾区近海海底地形,打造广东海洋大数据"一张图"夯实了数据基础;为加快构建陆海统筹国土空间开发保护新格局推动经济社会高质量发展提供了坚实保障;开创了我国无人船艇海上集群作业时代的新篇章。

7. "哪吒"海空跨域无人航行器

"哪吒"海空跨域航行器具有新颖独特的上天入海、飞潜合一以及反复水空穿越航行能力,为海气界面观测、海事应急搜救及隐蔽侦查等应用需求提供全新的解决方案。"哪吒"具备垂直起降与悬停、水平飞行与水下滑翔多种运动功能,也是当前国内外公开发布的同类成果中下潜深度最大、负载能力最强、水下运动范围最广的一款海空跨域航行器,攻克了多模式兼容与顺畅切换技术、俯仰姿态极限调节技术、浮姿耦合水下滑翔行为分析等关键技术。开发基于自适应动态面法和扰动观测器的鲁棒自适应控制策略,突破风浪流复杂海洋环境下快速、准确的运动模式切换与控制技术瓶颈。基于该技术的成功应用,"哪吒"成功完成首例真实海洋环境下海空跨域航行全流程试验。"哪吒"系列已获得9项国家发明专利、1项美国发明专利授权,在JFR、IEEE RAL、OE等领域内权威期刊发表多篇学术论文。"哪吒"系列海空跨域航行器在国内外引起了强烈反响,新华社、《人民日报》和各大网站进行了大量的报道。

8. 北冰洋中全新世海冰融化新机制的发现

北冰洋海冰是全球气候系统中的"驱动器"和"放大器",其变化深刻影响着全球陆地—海洋—大气—生态—社会环境等不同圈层的发展演化。该研究基于中俄合作对现今河流热能排放入海影响因素的分析,利用陆架沉积速率数据首次重建了全新世北极东西伯利亚地区河流热能排放入海演化历史,发现中全新世较高的河流热能排放对应陆架海冰融化加剧时期,并首次提出中全新世增强的泛北极地区河流热能排放入海能显著促进北冰洋海冰融化,弥补了北冰洋海冰融化机制解释上的不足。研究结果表明,全新世中期相对较高的夏季太阳辐射强度导致俄罗斯泛北极地区河流入海热通量增加,从而直接融化北冰洋陆架海冰,这一过程同时也降低了海冰对太阳辐射的反射率,从而扩大夏季太阳辐射对海冰融化的影响力。该研究结果揭示,在全球变暖的背景下,泛北极地区河流热量排放的增加可能加剧夏季北冰洋海冰融化,从而加速北极地区的快速气候变化。研究成果于2022年发表在 *Nature Communications* 上。

9. 中国海上首个百万吨级 CO_2 回注封存关键技术及示范

恩平15-1油田位于中国南海东部海域珠江口盆地,

是我国南海东部首个高含 CO_2 气顶油藏；依托恩平油田群开发，开展恩平 15-1 油田 CO_2 回注封存关键技术研究及示范应用（以下简称恩平 15-1 油田 CCS）。

恩平 15-1 油田 CCS 作为中国海上首个 CO_2 封存量超百万吨级 CCS 示范工程，通过自主技术创新，集中攻关了海上二氧化碳捕集和封存地质油藏、钻完井和工程一体化联合关键技术。项目已形成一套海相沉积环境下 CO_2 封存水层优选评价、封存机理定量表征及热流固化四场耦合运移规律动态模拟及封存安全性评价模拟技术，低密度耐 CO_2 腐蚀固井及井筒实时监测技术，海上受限空间超临界 CO_2 回注工程及装置优化技术等关键成果。实现了海上 CO_2 封存关键设备的国产化，项目采用海上平台特有的模块化和成橇布置方式，应用相态控制、脉冲控制、联合振动分析等前沿技术，研制适用于海洋高温高盐环境的首套超临界大分子压缩机和首套复合材料 CO_2 分子筛脱水橇；并已完成 CO_2 捕集和封存系统的海上安装调试。该项目打破了国外海上 CO_2 封存技术的垄断，有效地填补了我国海上 CO_2 封存技术的空白。

10. 勘探发现我国首个深水深层大气田

2022 年 10 月，海南东南部海域琼东南盆地勘探获得重大突破，发现我国首个深水深层大气田宝岛 21-1，探明地质储量超 500 亿立方米。

在海洋油气勘探领域，一般把水深超过 300 米的水域称为深水，把井深超过 3500 米的井定义为深层井。此次发现的宝岛 21-1 气田位于海南东南部海域深水区，最大作业水深超过 1500 米，完钻井深超过 5000 米，距离"深海一号"大气田约 150 千米，海洋地质条件极端复杂。随着地层的加深，地震等基础资料品质变差，储层预测、含气性分析、构造落实的难度成倍加大，钻井难度也大大提高。宝岛 21-1 气田的成功发现，表明我国在深水深层勘探技术上取得重要突破，对类似层系的勘探具有重要指导意义。

三、海洋资源有序开发稳供给

海洋空间资源要素供给稳步推进。用海用岛审批程序进一步优化，全年报国务院批准用海用岛项目 51 个，面积 22.35 万亩，同比增长 15%，保障油气、核电、液化天然气等重大基础设施用海用岛需求。多个沿海地区推进海域使用权立体分层设权，开启海上风电、海洋牧场、滨海旅游等兼容用海、融合发展模式，有效提升海域资源利用效率。海洋生态保护修复项目持续推进，全年完成整治修复海岸线 60 千米，滨海湿地 2640 公顷，营造和修复红树林 519 公顷。

海洋资源生产保障能力不断增强。海洋渔业生产向深远海拓展，绿色优质海产品保供能力进一步提升，国家级海洋牧场示范区增至153个，山东、福建、海南等地多个深远海养殖平台陆续投产。海洋油气增储上产，保障我国能源安全的战略接替性作用逐步发挥，获得渤中26-6油田、宝岛21-1大气田等勘探新发现7个，海洋原油、天然气产量分别同比增长6.2%、10.2%，海洋原油增量占全国原油增量的60%以上。

专栏1-3　我国海洋牧场相关政策

1. "十四五"规划纲要明确了"优化近海绿色养殖布局，建设海洋牧场，发展可持续远洋渔业"的目标。

2. 农业农村部发布《渔业发展补助资金项目实施方案》，主要用于支持建设国家级海洋牧场、提升现代渔业装备设施和渔业基础公共设施、渔业绿色循环发展、渔业资源调查养护和国际履约能力提升等方面工作。

3. 农业农村部发布《关于做好2022年农业生产发展等项目实施工作的通知》，提出要建设国家级海洋牧场，重点发展以生态资本保值增值为基础的养护型海洋牧场，促进海洋渔业资源养护。

4. 中国首个海洋牧场建设的国家标准《海洋牧场建设技术指南》已于2022年6月正式施行。《海洋牧场建设技术指南》是我国首个海洋牧场建设领域的国家标准，立足我国海洋牧场建设现状，在标准的制定过程中充分考虑了海洋牧场建设所需的关键技术要素、各地区海洋牧场建设水平差异、建设方式差异，根据我国纬度跨度大的特点，规范了我国近海的主要海洋牧场生境类型及海洋牧场建设全过程的技术要素，包括建设前的规划布局、建设中的生境营造和增殖放流、建设后的工程验收等。该标准的发布实施将对我国海洋牧场建设发挥重要的指导和技术支撑作用，促进我国海洋牧场建设的科学化和规范化。

四、三大需求平稳增长保发展

消费需求激发海洋经济发展潜力。我国居民膳食结构升级，海洋水产品需求日益增长，产量持续增加。2022年，全国海洋水产品产量同比增长2.4%，水产品进口额同比增长40.6%，远洋渔业产品运回国内销量占比不断提升，高端水产品供给支撑我国水产品消费结构的多元化。2022年，尽管新冠疫情抑制旅游出行，但沿海地区仍然是我国旅游业发展的重点聚集区。2022年6月和9月，两次面向沿海地方的问卷调研显示，均分别有超八成的受访者在未来3个月有滨海旅游的出行意愿。

投资推动海洋经济稳步增长。海洋固定资产投资平稳增长。在港口建设方面,1—11月,沿海港口固定资产投资完成715亿元,同比增长6.3%,港口自动化和智能化水平不断提升。随着我国海洋工程装备的迭代升级,跨海桥梁、海底隧道建设持续推进,总投资额270亿元的甬舟跨海铁路、178亿元的杭州湾跨海高铁大桥正式开工建设,一批重大海洋工程项目建设进入新阶段。

外贸助力海洋经济平稳发展。2022年,我国对外贸易顶住国际多重超预期因素的冲击,规模再创历史新高,进出口稳定增长带动了海洋运输的快速发展,我国沿海主要港口新增外贸航线超100条,沿海港口集装箱吞吐量同比增长4.6%,海运进出口总额同比增长15.3%。主要涉海产品中,船舶出口金额同比增长3.2%;海上风电装备加快"走出去"步伐,整机出口已由东南亚市场逐步向欧洲市场拓展。

五、海洋经济绿色发展助转型

政策助力海洋清洁能源开发。2022年,国家发展和改革委员会出台《"十四五"现代能源体系规划》《"十四五"可再生能源发展规划》,明确提出积极推进海上风电集群化开发,稳妥推进潮流能、波浪能等海洋能示范化开发。山东、浙江、上海等地相继出台海上风电地方性补贴政策、深远海风电项目扶持政策等。

海洋产业低碳融合新业态不断涌现。"蓝色能源+"多元化发展模式成为新趋势，首个海上风电与海洋牧场融合发展研究试验项目实现全容量并网，首个"海上风电+海洋牧场+海水制氢"融合项目开工建设。海洋产业持续推进清洁能源利用，1.86亿千瓦时绿色电力首次被应用于渤海海上油气田；沿海港口岸电使用持续推进，天津港首套高低压混合船舶岸电系统正式投运，烟台港实现非自有客滚船舶岸电常态化应用。

六、"海洋十年"中国委员会成立

2022年8月，联合国"海洋科学促进可持续发展十年"中国委员会成立会议在北京召开。为推动联合国"2030年可持续发展议程"相关目标落实，联合国大会将2021—2030年定为"海洋十年"并通过了实施计划，旨在采取一系列行动构建"一个清洁的、健康且有韧性的、物产丰盈的、可预测的、安全的、可获取的和富于启迪并具有吸引力的海洋"。经国务院批准，自然资源部牵头协调相关部门成立"海洋十年"中国委员会，组织实施和协调推动相关重点工作。该委员会成立后，将围绕加快建设海洋强国重大战略，谋划、部署和推动"海洋十年"工作；加强资源整合，信息共享，完善工作机制，形成工作合力，力争在国际海洋科学前沿理论和关键技术方面取得突破性进展；积极发展蓝色伙伴关系，策划和实施一批具有影响力的国际科学计划和"小而美"的合作项目，作为中国参与"海洋十年"的贡献。

专栏 1-4　我国"海洋十年"大科学计划 DEPTH 获批

由中国大洋事务管理局牵头、中国工程院李家彪院士领衔、联合全球六大洲 39 个国家 64 家海洋机构、国际组织等共同发起的"数字化的深海典型生境"大科学计划（Digital Deep-sea Typical Habitats Programme，DEPTH）正式获批，成为此次全球 21 项联合国"海洋科学促进可持续发展十年"大科学计划（Programme）申报中的唯一获批计划。这是中国在联合国框架下发起的首个深海生境领域大科学计划，也是中国践行"海洋命运共同体"理念、推动深海生物多样性养护与可持续利用的重要举措。

本次获批的 DEPTH 计划，以解决"海洋十年"的第八项挑战"数字化的海洋"为目标，重点关注海山、洋中脊、陆坡和平原等易受自然变化、气候变化、人类活动影响的深海典型生境类型，开展科学调查及连通性研究，发展深海长期智能观监测技术，提升深海典型生境应对扰动的预测能力，构建"发现—模拟—预测"数字化平台，集成深海典型生境"一张图"等公共产品并形成深海典型生境治理解决方案。在《昆明—蒙特利尔全球生物多样性框架》与联大"国家管辖外区域海洋生物多样性养护与可持续利用"协定案文陆续通过的背景下，DEPTH 计划将聚焦于深海生境与生物多样性的调查与研究，探索人类生存与深海生物多样性养护的可持续发展路径。该计划同时还针对发展中国家开展能力建设，与近 20 个发展中国家建立了合作，致力于培养青年一代公平参与深海科学研究与治理，树立我国负责任大国形象。

中国在深海领域已组织开展了 80 个大洋航次，积累了海山、洋中脊、平原等深海典型生境的环境基线数据与生物多样性科学认知，发起了西太平洋、印度洋中脊区域环境管理计划倡议并组织开展了国际联合科考。在此基础上，中国大洋事务管理局组织发起了 DEPTH 计划，于 2021 年联合国"海洋十年"中国研讨会上正式启动、2022 年联合国海洋大会期间发布国际合作倡议。2022 年 11 月，DEPTH 计划正式纳入"海洋十年"中国行动框架。2023 年 1 月，中国大洋事务管理局联合 IOC 非洲分委会、深海管理倡议（DOSI）、中国 21 世纪议程管理中心、中国海洋发展基金会等 64 家单位正式向 UNESCO/IOC 提交了联合国"海洋十年"大科学计划申报，成为中国迄今累计获批的第 5 项大科学计划。

第二章
2022年深圳海洋事业发展亮点

第一节　海洋发展顶层设计逐步深化

全面谋划海洋事业发展路径。2022年6月,深圳市规划和自然资源局联合市发展改革委印发《深圳市海洋经济发展"十四五"规划》,提出"打造全国海洋经济高质量发展引领区、全球海洋科技创新高地";研究编制《深圳市海洋发展规划(2022—2035年)》,提出深圳海洋发展"三步走"目标图景、六大海洋发展策略、两大保障措施;组织编制《深圳市全球海洋中心城市建设行动计划(2022—2025年)》,为全球海洋中心城市建设明确任务书、路线图、时间表、责任制;探索完善深圳市海洋发展法制体系,研究深圳全球海洋中心城市建设立法工作。2022年,58个全球海洋中心城市建设重点项目持续推进,16个项目已完成,40个项目正常推进。其中,"粤港澳大湾区组合港"体系已覆盖大湾区近90%的城市;"盐田港完成国际航行船舶LNG首船加注"事项入选2022年深圳发展改革十大亮点。

推动特色优势海洋产业集群培育升级。2022年6月,深圳市规划和自然资源局联合市发展改革委、市科技创新委、市工业和信息化局、市文化广电旅游体育局公开发布《深圳市培育发展海洋产业集群行动计划（2022—2025年）》，围绕海洋交通运输业、滨海旅游业、海洋能源与矿产业、海洋渔业、海洋工程和装备业、海洋电子信息业、海洋生物医药业、海洋现代服务业等八大领域，提出截至2025年，深圳市海洋产业发展四大工作目标、四大重点任务和八大重点工程。综合考虑深圳市临海片区海洋产业发展基础、产业空间与资源禀赋、发展潜力等因素，合理布局涉海重点产业、重点项目、重点平台，打造"一轴贯通、多区联动"海洋产业空间发展格局。

建立海洋产业"链长制"工作制度。开展海洋产业链"四链"融合工作部署，深圳市规划和自然资源局编制《深圳市海洋产业链"链长制"工作方案》，强调发挥政府服务作用，以精准化方式推进海洋产业链"强链、补链、连链、延链"，推动海洋产业集群发展建设，落实海洋产业集群行动计划和"六个一"体系，培育打造一批具备较强竞争力的海洋产业链，保障海洋产业链供应链安全，形成共抓产业链、贯通上下游、产业一体化发展格局。

完善海洋经济发展支持政策体系。深圳市规划和自然资源局研究编制《深圳市促进海洋经济高质量发展的若干措施》，立足深圳涉海科技和产业发展特点和需求，针对现有海洋领域扶持政策系统性不足、力度较低的问题，加强对海洋经济主体集聚、海洋科技研发和成果转化、海洋产业创新发展、产业生态优化等方面的支持，有效衔接现行涉海政策，加强对科技基础设施、创新载体、人才引培、港口航运、文体旅游、金融服务等环节的支持，全面支撑全市海洋经济高质量发展。统筹协调全市海洋经济发展工作，解决跨区域、跨领域和跨部门重大问题。

"十三五"海洋经济创新发展示范工作完成验收。2022年，深圳通过示范项目带动，在深水油气勘探开发装备、海洋通信导航、海洋药物筛选与海洋药物发现等领域突破和解决多项关键核心技术和行业共性问题。完成新增省级及以上产品2个、新增有效发明专利54项、新立项行业及以上标准5项、新建企业研发中心1个，对示范城市建设起到示范引领作用，进一步提升深圳示范城市建设水平。

开展海洋经济高质量发展监测评估核算试点。结合深圳海洋经济特色，优化深圳海洋及相关产业核算方法，完善海洋生产总值核算方法体系。深圳市规划和自然资源局围绕海洋生产总值核算、涉海就业人员测算、健全重点涉海企业联系制度等重点任务，形成11项重要成果，其中涉海就业人员测算3项、海洋生产总值核算5项、重点涉海企业联系制度3项。编制《深圳市海洋生产总值核算技术方案》，规范海洋生产总值核算的方法和流程。夯实深圳海洋经济统计核算基础，拓展深圳海洋经济统计核算工作新思路。

进一步健全海洋空间规划体系。继续推动构建以国土空间总体规划（海洋）、重点海域详细规划为基本构架，以各类海域专项规划为支撑的海洋空间规划体系。根据"三区三线"划定成果完善海洋空间规划体系，完成海洋"两空间一红线"试划，助推深圳市国土空间总体规划编制工作，推动完成前海深港现代服务业合作区国土空间规划海洋空间规划专题研究工作；落实自然资源部关于用海分区和分类的要求，推进土洋—官湖、龙岐湾、前海湾等重点海域详细规划编制，开展海洋工程规划预论证，提出滨海空间设计指引，编制出台小梅沙、土洋—官湖等海域详细规划；编制完成大鹏新区海岸带城市设计、深汕特别合作区海岸带综合保护与利用规划等专项规划研究，为海岸带地区综合管理提供规划支撑。此外，开展深圳都市圈海域协同发展、东部游憩用海布局研究等海域规划研究，推动洲仔岛保护和开发利用规划报批，助力打造高品质用海空间，支撑全球海洋中心城市建设。

第二节 海洋产业集群体系日趋完善

推动引领型海洋产业集群建设。在全球海洋中心城市建设目标的引领下，深圳海洋经济总量初具规模，"三二一"产业结构稳固，涉海企业约 3 万家，集盐田港集团[①]、中海油深圳分公司、中集集团等骨干企业，全市涉海上市企业达 46

---

① 现已更名为深圳港集团有限公司。

家。形成以传统产业为支撑，新兴产业为引领的海洋产业体系；以西部海岸—东部海岸—深汕特别合作区为主轴，以沿海各区为主要承载区的"一轴贯通、多区联动"空间发展格局。

研究设立深圳海洋产业基金。开展深圳市海洋产业基金组建工作，研究起草基金设立方案，通过市场化运作，发挥政府引导基金的引导作用和放大效应，优化提升海洋传统产业，培育发展海洋新兴产业，超前布局深海极地等未来产业，促进深圳海洋产业集群化、高端化发展，推动海洋产业整体高速发展。

举办2022年中国海洋经济博览会。2022年，中国海洋经济博览会围绕"科创赋能，共享深蓝"的主题，设立海洋港口与航运、海洋油气与矿产资源开发、海洋电子信息、海洋工程与环保、海洋渔业、海洋生物与医药、海洋旅游与文化等七大板块，展示中国海洋经济发展成就以及全球海洋经济发展及最新成果，打造"海洋国际会客厅"。

举办海洋产业专业论坛。2022年海博会期间，围绕海洋科技、海洋产业、航运运输、海洋文明、海洋合作治理等热点领域，共举办1场2022年海博会宏观论坛暨全球海洋中心城市论坛，包含论坛开幕式和9场高规格全体会议，以及22场专业论坛，来自19个国家和地区的259位国内外海洋行业领袖和专业人士、名企高管赴约，促进全球海洋城市、海洋科技交流合作。

推动海洋产业集群协会高质发展。支持组建各类涉海行业协会，积极引导社会力量和市场主体参与海洋经济发展。深圳全球海洋中心城市建设促进会、深圳市水产行业协会纳入深圳市海洋产业集群协会行列，并进一步研究培育发展协会的相关举措，推动海洋产业集群协会高质量发展。

成立深圳市海洋产业联盟。2022年11月，深圳市海洋产业联盟正式成立，盐田港集团①、中集集团等全市重点涉海企事业单位、科技服务机构和金融机构等首批17家成员单位加入。联盟以汇聚全市海洋产业优质资源，凝聚海洋产业发展合力，开展产学研协同合作、智库服务等为宗旨，力争成为提升全市海洋科技研发能力、产业创新能力和企业核心竞争力，促进深圳海洋产业高质量发展的重要平台，见图2-1。

图 2-1 深圳市海洋产业联盟成立大会

资料来源：深圳市规划和自然资源局提供。

---

① 现已更名为深圳港集团有限公司。

搭建海洋产业集群战略支撑团队。初步构建起以市内智库机构为主、市外智库机构为补充的海洋产业集群战略支撑体系。深圳国家高技术产业创新中心、综合开发研究院（中国·深圳）、中国科学院深海科学与工程研究所、国务院发展研究中心、广东海洋大学深圳研究院、华大海洋研究院以及中国水产科学研究院南海水产研究所深圳试验基地等国内一流海洋智库积极参与全市海洋事业发展，有力地提升了全市在海洋产业战略预判、政策研究、平台建设、招商引资等方面的能力。

第三节　海洋科技创新能力持续增强

海洋源头创新能力加快提升。清华大学深圳国际研究生院在 *Chemical Engineering Journal* 发文展示水合物法二氧化碳封存领域新进展，并与新加坡国立大学签署水合物法二氧化碳捕获与海底长期封存项目合作备忘录；中国科学院深圳先进技术研究院在 *ICES Journal of Marine Science* 发文提出基于对比学习的浮游生物图像识别检索框架，并与澳大利亚联邦科学与工业组织（CAS-CSIRO）合作研究"面向蓝色经济支撑的近海水域浮游生物监测新技术与工具研究"项目；深圳大学在 *Nature* 发表研究成果，首次从物理力学与电化学相结合的思路，建立了相变迁移驱动的海水无淡化原位直接电解制氢全新原理与技术。

  海洋科技创新高地逐渐形成。多项关键领域核心技术实现突破。深圳大学谢和平院士团队"全新原理实现海水直接电解制氢"入选 2022 年度中国科学十大进展；中海油突破 300 米水深以内油气田开发工程技术，并成功研制旋转导向钻井系统，打破国外油气勘探领域技术垄断。科技创新影响力显著增强。深圳市深蓝信息科技开发有限公司参与项目"航标运行保障系统"获得 2022 年度中国航海科技奖；中国科学院深圳先进技术研究院项目"星空海一体化海洋生态环境监测技术集成创新与应用"获得 2022 年度深圳市科技进步奖。国际海洋科技创新合作不断深化：中国深圳水下机器人初创公司鳍源科技（QYSEA）与日本电信公司 KDDI 和商用无人机公司 PRODRONE 合作研发世界首台"海空一体无人机"；清华大学深圳国际研究生院与密歇根大学安娜堡分校团队合作，在水面无人船避障路径规划领域取得新进展。

  海洋创新载体加速落地。海洋大学校园建设项目正式立项，已于 2023 年 7 月动工建设；深海科考中心纳入海洋大学统一规划建设，实行一个建设项目、一个项目赋码、一个可研报告；盐田区人民政府与深圳大学共建的深圳国际海事研究院揭牌成立；清华大学深圳国际研究生院海洋生态与人因测评技术创新中心获自然资源部批准建设；"全球海洋大数据中心建设方案研究"项目前期研究通过验收，并将推动后续立项工作开展。

海洋重大科技基础设施建设有序推进。聚焦于打造现代海洋产业试验场，深圳市规划和自然资源局加快编制建设方案及项目建议书，推进立项工作，初步设想以"海洋观测+产品测试+项目示范+测试规范"多功能模块、"共建共享+市场化"建设运营模式、"固定+机动"场址设置为主要方向，按时序分步骤建设。功能设置方面，试验场主要功能划分为产品测试验证服务功能（主要功能）、海洋观测功能（背底功能）、前沿领域示范验证功能（展示功能）、标准化检验检测服务功能（衍生功能）四大模块。

海洋人才培育体系加快完善。海洋人才政策不断优化。制定海洋人才引进及补贴专项政策，深圳市人力资源和社会保障局印发《深圳市高端紧缺人才目录》，将海洋产业单独作为产业大类，涵盖海洋电子信息及高端海工装备制造、海洋资源开发利用、海洋生态保护、港航服务等海洋产业高端紧缺人才；组建深圳市海洋专业高级职称评审委员会，积极开展全市海洋专业领域工程技术人才的正高级及以下各层级职称评审工作。海洋学科建设初具成效。南方科技大学自主设置的目录外二级学科"海洋地球物理学"顺利获批。

第四节　海洋生态文明建设初见成效

海洋生态保护政策举措不断出台完善。深圳市生态环境局印发《深圳市"十四五"海洋生态环境保护暨珠江口海域综合治理攻坚战实施方案》和《关于完善陆海统筹的海洋生态环境保护修复机制的意见》,基本建立"1个框架意见+10项配套机制"的海洋环境保护体系。深圳市规划和自然资源局印发《2022年深圳市海洋伏季休渔管理工作实施方案》;大鹏管理局编制《赖氏洲及周边海域自然资源调查报告》及《深圳市赖氏洲保护和利用规划》,完成红树林12.72公顷营造和13.08公顷修复,增殖放流海产经济物种约6257万尾(粒)。大鹏湾"美丽海湾"建设成果入选中宣部"奋进新时代"主题成就展。

海洋污染预防与控制工作有序开展。深圳市市场监督管理局印发《入河(海)排放口设置技术规范》,对全市18个工业企业及城镇污水处理厂入海排污口开展"一月一巡一监测",完成20个海水养殖入海排放口溯源整治。率先在全省实施74条入海河流总氮控制考核,推动入海河流集雨区范围内新、改、扩建的水质净化厂出水总氮浓度执行8毫克/升的排放标准。开展近岸海域污染防治联合执法行动,优化陆海联动监测点位,持续实施重点入海河流总氮"一周一测"。加强海洋垃圾监管,建立海洋垃圾"巡查—通报—清理—复核"的闭环管理机制。开展海底垃圾调查试点,初步摸清海底垃圾分布规律。开展公共海域海漂垃圾常态化清理,进一步明确海漂垃圾清理作业范围和工作标准。

打好近岸海域综合治理攻坚战。东部海域保持一类水质。

大鹏新区近岸海域海水水质优良率保持100%,荣获"美丽海湾"称号。开展江河湖海清漂专项行动,常态化组织河湖"清四乱",推动深圳湾、大鹏湾建立海上环卫机制,落实海漂垃圾清理责任,开展海洋垃圾常态化巡查。合作开展粤港海漂垃圾污染防治工作,建设海漂垃圾预警系统,建立粤港跨境海漂垃圾事件通报机制。

第五节 海洋开放与合作打开新局面

加快设立国际海洋开发银行。筹建海洋开发银行平台,专项推进海洋开发银行的筹建事宜,以粤港澳大湾区为基础筹建,明确海洋基础设施建设、海洋产业培育发展、海洋科技研发与成果转化等金融服务的功能定位。促进环南中国海区域长期稳定与合作繁荣,为中国引领南海区域治理创造条件,为形成南海周边国家和地区的"命运共同体"奠定基础。

举办2022年中国海洋经济博览会。中海油、招商局、中船、华海通信、珠海云洲、亚太星通等境内的行业翘楚,以及劳氏船级社、法国船级社、瓦锡兰、康士伯、壳牌、豪氏威马等60余家境外在华企业线下参展,线上参展单位超过900家,累计吸引1000多家国内外展商参与、7000多个展品在线上线下参展,达成签约及意向合作420余项、成交金额

193 亿元。论坛方面，邀请来自瑞典、挪威、丹麦、比利时等国家的驻华官员，美国、英国、法国、新加坡、以色列等国家知名企业和社会组织的高管以及专家及代表约 60 人共同论道全球海洋产业发展趋势、海洋领域技术前沿和热点问题。

举办海洋产业招商大会。2022 年 11 月，深圳市规划和自然资源局联合前海管理局共同主办 2022 年深圳市海洋产业招商大会，大会主题为"携手深蓝 共赢未来"。活动吸引了一批世界五百强企业、中国五百强企业、上市公司、产业链龙头企业、高校、科研院所与深圳达成合作意向，涉及金额约 171 亿元；挪威船级社（中国）有限公司深圳分公司正式揭牌；签订了《支持深圳市建设全球海洋中心城市"十四五"全面深化战略合作框架协议》《全球海洋中心城市建设战略合作协议》等 7 项协议，为深圳海洋经济高质量发展注入新动能。

第六节　海洋综合管理能力加快提升

强化海洋资源管理规划。深圳市规划和自然资源局组织完善《深圳经济特区海域使用管理条例》配套政策，推进围填海项目海域使用权转换国有建设用地使用权规定、海域立体分层确权管理制度等一批政策制度的研究，不断提升海洋资源管理和保护利用水平，深化海岸带、海岛、海域、湿地等相关专项规划编制。深圳市规划和自然资源局开展《深汕特别合作区海岸带综合保护与利用规划》《小铲岛保护和利用规划及方案论证研究》《深圳市东部海域游憩用海布局研究》《福田区湿地保护规划（2022—2035）》，小梅沙、土洋—官湖、金沙湾、前海湾等重点海域详细规划，《深圳市海域详细规划编制技术指引》等规划与技术规范编制工作。

持续打造船舶排放控制区监测监管示范工程。在试验区水域，深圳市海事局综合运用各类遥测技术初步建成"空陆水"一体化的综合立体监测系统，并在此基础上，逐步扩大监测系统覆盖范围，建设完成可覆盖东、西部进出港水域的监测系统。持续完善监测监管信息平台功能，实现对重点水域进出港船舶大气污染物排放的在线监测，以及智能筛查疑似超标排放船舶和自动生成执法任务，持续深入打造船舶排放控制区示范工程。2022年，深圳辖区未发现海船燃油质量超标情况，内河船舶燃油抽检不合格率持续下降。此外，及时评估试验区建设的阶段性成效，结合各类遥测设备的应用场景和工作性能，深圳市海事局组织编制了《无人机载嗅探设备操作指南》《船载遥测设备安装操作指南》《无人机船艇起降飞行操作指南》等操作指引，为国内其他港口开展船舶大气排放监测提供实践经验，同时结合前期研究成果，成功地向国际海事组织（IMO）提交两份船舶大气污染防治方面的提案，持续输出试验区建设示范成果。

粤港澳三地合作提升海洋方面监测服务、预警预报服务、精细化服务能力。深港两地气象部门建立台风、暴雨等灾害天气的会商机制，就预警信号的发布时间、级别等联合开展会商研判。深港共享天气雷达、自动气象站等监测数据。深圳市气象局牵头超大城市智慧气象服务示范项目，在开放共享深圳气象网格数据、基于影响的气象灾害风险预警服务、预警信息靶向精准发布技术、城市气候影响评估等方面开展示范。

近岸海域污染防治联合执法行动启动。2022年4月，深圳市近岸海域污染防治联合执法行动正式启动，通过加强重点海域污染源排查与管控，强化入海排污监管，严格管控船舶污染物排放，防范石油类等危险品船舶运输发生海上污染事故等措施，助力深圳市近岸海域水质逐步提升达标，深入打好近岸海域污染防治攻坚战。

第七节　海洋事业标杆项目成果丰硕

一、首台"海空一体无人机"

中国深圳水下机器人初创公司鳍源科技（QYSEA）与日本电信公司KDDI和商用无人机公司PRODRONE合作，在横滨八景岛海洋天堂的飞行展示中推出世界上第一台"海空一体无人机"，旨在凭借其智能、高工作效率和最小化的人力需求，实现近海和海上作业的现代化。

二、首个规模化陆源入海污染物监测系统

朗诚科技打造国内首个规模化陆源入海污染物监测系统，该监测系统对深圳市20条入海河流水质状况进行实时监测，并开展入海污染物分析评价、污染物入海通量测算、入海污染物扩散范围与路径及陆源入海污染物综合溯源研究，为"以海定陆，海陆统筹"的环境治理思想和海洋生态文明建设及持续发展提供有力的技术支撑，探索建立碳监测评估技术方法体系。

三、首个深圳绿色航运基金投资项目

深圳市积极推进船舶租赁业务，与招商租赁、国银租赁、中远海运等相关企业充分沟通LNG船舶融资租赁有关事宜。总规模100亿元的绿色航运基金正式落户盐田，将为盐田、深圳乃至大湾区的航运产业向绿色、智慧发展提供资金、资源支持。深圳绿色航运基金首个投资项目——中国能源建设集团广东省电力设计研究院和正力海洋工程有限公司合作，拟在前海合作区投资新造一艘3500吨的风电安装船，该项目实现了深圳市船舶融资租赁的"破冰"。

四、首个以珊瑚为主题的国家级海洋牧场示范区

深圳市扎实推进国家级海洋牧场示范区和人工鱼礁区建

设管理，推动大鹏湾国家级海洋牧场——全国首个以珊瑚为主题的国家级海洋牧场示范区开工建设，主要建设内容包括投放培育型人工珊瑚礁20个、种植型人工珊瑚礁519个、多功能饵料礁149个等，通过投放人工鱼礁、增殖放流、养护渔业资源，以及珍稀濒危物种保护等措施，渔业种群资源增殖，生物多样性将得以维系。

五、首艘深水半潜式钻井平台"奋进号"的进出坞作业

2022年3月，招商工业孖洲岛基地1#干坞首次挑战中国首艘深水半潜式钻井平台"奋进号"进出坞的重大节点工程成功完成。"奋进号"平台是我国自主制造的一座海洋石油钻井平台，全长114米，浮箱加上锚架宽88.8米，主甲板最宽处达92.4米，平均吃水7.6米，总排水量高达3.5万吨，是孖洲岛基地建岛以来承接维修的最大的海洋石油钻井平台。

六、首台40英尺液氦罐式集装箱

2022年5月，中集安瑞科旗下成员企业张家港中集圣达因低温装备有限公司宣布成功自主研发了国内首台40英尺液氦罐式集装箱，产品按照ASME标准设计制造，通过BV船级社的液氦低温型式试验和道路运输试验等各项严格测试，并获得BV船级社产品证书，各项指标性能表现优异，已具备上市条件，填补了国内液氦储运产品的空白。

七、首条空海特色海上观光航线正式开航

2022年8月,宝安区深圳机场码头首条海上观光航线"深圳机场码头至前海湾"正式开航。"深圳机场码头至前海湾"精品观光航线由深圳机场码头联合深圳航运集团挖掘、整合空海特色旅游资源共同打造。游客可饱览沿途深圳西海岸独特的魅力风光,远眺世界级跨海工程深中通道、西湾红树林、大铲湾码头、"湾区之光"摩天轮、前海宝中片区的高楼建筑群等。该航线是机场片区纳入"大前海"后,深圳机场充分发挥自身区位和海陆空铁综合交通汇聚一体的优势,打造深圳特色旅游项目进行的一次积极探索。

八、首次保温保压天然气水合物样品获取

2022年9月,由中国工程院院士谢和平领衔、深圳大学与四川大学团队自主研制的深海沉积物(天然气水合物)保温保压取样装备海试成功,获得保持原位压力13.8 MPa、温度6.51 ℃的深海沉积物(天然气水合物)样品,成为国际上首次获得的保温保压的深海沉积物(天然气水合物)原位保真样本。

九、首套自主研发深水油井水下采油树投用

2022年10月,中国海油深圳分公司流花11-1油田当年第二口调整井成功投产。在南海东部水下310米的海底,油

流经由中国首套自主研发的深水油井水下采油树涌入海底管网，创造了应用水深新纪录，标志着中国深水水下采油树技术再获重要突破。此次投用的国产油井采油树重 36.7 吨，零部件超 2500 个，相较天然气井水下采油树，结构更加复杂精密，可在低温高压环境中稳定工作超过 20 年，设计作业水深 500 米，实际作业水深 310 米，是目前中国应用水深最深的国产水下采油树。

十、首个具备 LNG 加注服务能力的华南地区枢纽港

2022 年 11 月，全球最大 "C" 形罐式 LNG 加注船 "新奥普陀号" 与全球最大的双燃料集装箱船 "达飞·索邦" 号在深圳盐田港海域成功 "牵手"。"新奥普陀号" 通过软管为 "达飞·索邦" 号顺利加注 LNG 燃料，实现整个华南地区国际航行船舶 LNG 首船加注。盐田港成为继新加坡港、鹿特丹港、上海港后，全球第四、华南首个具备 LNG 加注服务能力的枢纽港。深圳成为全国少有的集 LNG 接卸、存储、加注、贸易功能于一身的城市。

第三章

海洋产业——强化全球海洋竞争优势

第一节 深圳市海洋经济总体情况

2022年，面对风高浪急的国际环境和艰巨繁重的改革发展稳定任务，深圳深入学习贯彻落实党的二十大精神，坚决贯彻落实"疫情要防住、经济要稳住、发展要安全"的要求，坚持稳字当头、稳中求进，高效统筹新冠疫情防控和经济社会发展，统筹发展和安全，全年海洋经济发展稳健，质量效益同步提升，海洋经济运行顶住压力恢复发展。据核算，2022年深圳市海洋生产总值同比增长3.9%（现价）。

海洋产业结构相对稳固。2022年，深圳海洋第一产业增加值同比增长5.2%；海洋第二产业增加值同比增长21.3%；海洋第三产业增加值同比增长-4.5%。海洋第一产业增加值占海洋生产总值的比重为0.2%，海洋第二产业增加值比重为37.9%，海洋第三产业增加值比重为61.9%。与2021年相比，海洋第一产业比重基本持平，第二产业比重上升5.4个百分点，第三产业比重下降5.4个百分点，见图3-1。

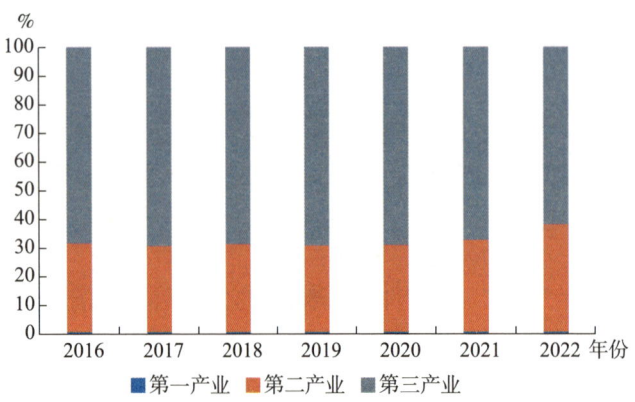

图 3-1　2016—2022 年深圳市海洋三次产业结构

资料来源：2022 年深圳市海洋经济运行情况。

各区海洋经济特色明显。深圳市形成西有南山福田宝安、东有盐田大鹏的海洋科技及产业发展格局。2022 年，南山区海洋生产总值占深圳海洋生产总值的比重达 42.4%，占比最高。福田区海洋生产总值占深圳海洋生产总值的 19.5%，位居第二。宝安区、盐田区及大鹏新区海洋生产总值占深圳海洋生产总值的比重分别为 10.9%、6.9%、3.9%。南山区海洋产业领域涵盖海洋高端装备、海洋电子信息、海洋生物医药等多个涉海领域，拥有多个创新载体和科研机构，在海洋电子信息、海洋工程装备制造业等领域拥有众多骨干企业，已基本形成包含研发、设计、总包、制造、应用等较为完整的产业链。福田区海洋产业以海洋交通运输业、海洋旅游业和涉海金融服务业为主，海洋金融业特色鲜明，海洋产业初具规模。宝安区海洋电子信息业和海洋工程装备制造业发展潜力巨大。盐田区正大力推进智慧港口人工智能实验室、5G智慧港区建设。大鹏新区以深圳国际生物谷及海洋中心城市建设为契机，布局建设"一库一院两园区"，即深圳国家基因库，深圳生物育种创新研究院，大鹏国家海洋生物产业园、大鹏国际生命科学产业园，海洋大学和深海科考中心选址大鹏，海洋学科和产业发展框架初具雏形。

涉海重大项目持续高效推进。2022 年，深圳市发展和改革委员会重大项目计划共安排海洋领域重大项目 31 个，其中建设项目 25 个，包括深圳至中山跨江通道、妈湾跨海通道等；前期项目 6 个，包括深圳港东部政府码头（引航基地）工程、深圳海洋博物馆等，项目总投资 3874.3 亿元，年度计划投资 211.6 亿元。截至 2022 年底，完成投资 254.9 亿元，完成年度及投资比例的 120.5%。截至 2022 年底深圳市涉海上市企业名单见表 3-1。

表 3-1　截至 2022 年底深圳市涉海上市企业名单

序号	单位名称	上市时间	海洋产业类别	上市类别
1	深圳市燃气集团股份有限公司	2009-12-25	海洋油气业	A 股
2	中青旅山水酒店集团股份有限公司	2016-02-02	滨海旅游业	新三板
3	招商银行股份有限公司	2002-04-09	涉海金融服务业	A 股
4	中信证券股份有限公司	2003-01-06	涉海金融服务业	A 股
5	招商证券股份有限公司	2009-11-17	涉海金融服务业	A 股
6	中信海洋直升机股份有限公司	2000-07-31	海洋交通运输业	A 股

续表

序号	单位名称	上市时间	海洋产业类别	上市类别
7	深圳海元国际物流股份有限公司	2017-09-14	海洋交通运输业	新三板
8	深圳市今天国际物流技术股份有限公司	2016-08-18	海洋信息服务业	创业板
9	深圳华大基因股份有限公司	2017-07-14	海洋药物和生物制品业	创业板
10	深圳市盐田港股份有限公司	1997-07-28	海洋交通运输业	A股
11	深圳市海格物流股份有限公司	2014-01-24	海洋交通运输业	新三板
12	深圳市海斯比船艇科技股份有限公司	2015-08-28	海洋船舶工业	新三板
13	深圳市英威腾电气股份有限公司	2010-01-13	海洋工程装备制造业	A股
14	深圳市远望谷信息技术股份有限公司	2007-08-21	海洋工程装备制造业	A股
15	深圳万讯自控股份有限公司	2010-08-27	海洋工程装备制造业	创业板
16	深圳市弗赛特科技股份有限公司	2016-07-05	海洋工程装备制造业	新三板
17	中国国际海运集装箱（集团）股份有限公司	1994-04-08	海洋工程装备制造业	A股
18	健康元药业集团股份有限公司	2001-06-08	海洋药物和生物制品业	A股
19	深圳康泰生物制品股份有限公司	2017-02-07	海洋药物和生物制品业	创业板
20	深圳康美生物科技股份有限公司	2016-01-14	海洋药物和生物制品业	新三板
21	招商局港口集团股份有限公司	1993-05-05	海洋工程建筑业	A股

续表

序号	单位名称	上市时间	海洋产业类别	上市类别
22	深圳市蛇口船务运输股份有限公司	2016-03-07	海洋交通运输业	新三板
23	深圳华侨城股份有限公司	1997-09-10	滨海旅游业	A股
24	深圳市海王生物工程股份有限公司	1998-12-18	海洋技术服务业	A股
25	深圳市行健自动化股份有限公司	2014-01-24	海洋技术服务业	新三板
26	中兴通讯股份有限公司	1997-11-18	海洋信息服务业	A股
27	海能达通信股份有限公司	2011-05-27	海洋信息服务业	A股
28	深圳市金证科技股份有限公司	2003-12-24	海洋信息服务业	A股
29	深圳市易图资讯股份有限公司	2015-11-25	海洋信息服务业	新三板
30	深圳市悦诚达信息技术股份有限公司	2016-09-19	海洋信息服务业	新三板
31	华测检测认证集团股份有限公司	2009-10-30	海洋技术服务业	创业板
32	广东天鉴检测技术服务股份有限公司	2017-02-15	海洋技术服务业	新三板
33	深圳市宝明堂健康药业股份有限公司	2016-01-29	海洋药物和生物制品业	新三板
34	深圳市汇川技术股份有限公司	2010-09-28	海洋工程装备制造业	创业板
35	华润三九医药股份有限公司	2000-03-09	海洋药物和生物制品业	A股
36	深圳高速公路股份有限公司	2001-12-25	海洋交通运输业	A股
37	深圳市平方科技股份有限公司	2014-10-31	海洋信息服务业	新三板

续表

序号	单位名称	上市时间	海洋产业类别	上市类别
38	华强方特文化科技集团股份有限公司	2015-12-28	涉海经营服务	新三板
39	深圳市中海通物流股份有限公司	2016-04-11	海洋交通运输业	新三板
40	深圳鸥鹏控股股份有限公司	2019-07-26	滨海旅游业	新三板
41	深圳市水务规划设计院股份有限公司	2021-08-04	海洋技术服务	创业板
42	深圳小蝉文化传媒股份有限公司	2017-11-10	海洋信息服务	新三板
43	招商局蛇口工业区控股股份有限公司	2015-12-30	涉海经营服务	A股
44	深圳市搜了网络科技股份有限公司	2015-11-25	海洋信息服务	新三板
45	深圳市海普瑞药业集团股份有限公司	2010-05-06	海洋药物和生物制品业	A股
46	邦彦技术股份有限公司	2022-09-23	海洋信息服务	科创板

资料来源：课题组收集整理。

第二节 深圳市海洋产业发展情况

一、海洋交通运输业

2022年，深圳港全力保障供应链物流链畅通，整体实现作业平稳有序。深圳港全年集装箱累计吞吐量达到3003.62万标箱，同比增长4.41%，首次突破3000万标箱大关，成为继上海港、新加坡港、宁波舟山港之后，全球第四个年吞吐量突破3000万标箱的港口，并增开国际班轮航线4条，累计国际班轮航线达295条。根据《世界一流港口综合评价报告（2022）》，深圳港位于世界一流港口前列。

港航基础设施建设全面加速。盐田港区东作业区一期工程全面进入施工阶段，打造全球领先的自动化、智能化无人作业港口；大铲湾二期集装箱码头工程建设前期工作有序开展，建成后全港集装箱吞吐能力将增加600万标箱；小漠国际物流港完成出口资质申请，将打造湾区最有优势的整车进出口口岸；西部政府码头及蛇口、赤湾、盐田航道完成维护性疏浚；西部港区出海航道二期工程建设前期工作有序开展；矾石水道航道一期工程有序推进，按满足5000吨级海轮乘潮双向通航标准建设；盐田国际码头船舶岸电五期项目完成竣工验收并逐步恢复接驳，助力海上天然气加注港建设。

推进"水水中转""海铁联运"发展。2022年，深圳港新增11个组合港，累计开通26个组合港，通过组合港模式累计完成21万标箱的作业量；新增6个内陆港，累计挂牌运营13个内陆港，通过内陆港模式累计完成19.58万标箱的作业量；累计开通至赣州、醴陵等30条海铁联运班线，其中，盐田港区开通27条、南山港区开通3条。海铁联运线路已覆盖至广东、江西、湖南、贵州、云南、四川、重庆等7个省和直辖市。全年海铁联运累计完成24.1万标箱，同比增长5.97%。

智慧港口建设进展效果显著。深圳港初步建成数字港口生态圈。妈湾智慧港利用5G等技术，大规模支持无人机、无人集卡、远控岸桥、自动化场桥运行，综合作业效率提升30%，作业现场人员减少80%，安全隐患减少50%，进出口通关效率提升30%。盐田港区东作业区推进数字化码头建设，并推动5G通信、北斗系统、区块链、大数据、人工智能、互联网与港口业务的深度融合，实现智慧互联、智慧决策、智慧运营、智慧口岸、智慧物流和智慧服务。

港口绿色低碳发展。2022年，深圳港完成155台清洁能源拖车置换工作，推动开展清洁能源拖车更新；持续开展岸电建设和使用，全港岸电套数达24套，覆盖49个深水泊位。全港全年累计连接岸电8830艘次，接电99532.5小时，用电量515.11万千瓦时，减排各类污染物约146.7吨，减排二氧化碳3313.69吨。

政策措施密集出台，助力港口高质量发展。深圳市交通运输局出台《深圳市综合交通"十四五"规划》《深圳建设交通强市行动计划（2021—2025年）》，并联合深圳市规划和自然资源局出台《深圳市现代物流基础设施体系建设策略（2021—2035年）及近期行动方案》，加快建设世界一流的集装箱枢纽港；印发《深圳市口岸建设"十四五"规划》《2022年进一步优化深圳口岸营商环境若干措施》，将盐田综合保税区北闸货运通道开通时间正式调整为"7×24"通行模式，在全国率先实现港—区—城联动免预约全天候、全链条运作；起草《建设国际物流中心行动计划（2023—2025年）》，提出建设全球知名的国际航运中心；出台《深圳市关于保障外贸海运通道畅通的若干措施》，保障深圳市外贸企业出口需求；印发《关于保障深圳港出口重箱有序进港相关工作的通知》，制定全港统一的出口重箱进闸规则，每航次重箱进港量不得超过核定装载量的25%，保障出口重箱有序进港。深入研究相关政策法规障碍，深圳市司法局发布《深圳经济特区国际船舶条例（征求意见稿）》，推进国际船舶登记配套制度改革。

二、滨海旅游业

华侨城集团连续14年获评"中国旅游集团20强"[①]；欢乐港湾位列百强榜第二[②]；蛇口滨海文化创意街区成功入选第二批国家级夜间文化和旅游消费集聚区；南头古城、华侨城甘坑古镇成功入选第一批省级夜间文化和旅游消费集聚区；上围艺术村和鳌湖艺术村被评为广东省文化和旅游特色村，鹏城村获评广东省首批乡村旅游优质项目；盐田区东部华侨城三洲田夜市获评2022年度深圳市年度夜间经济十大地标，中英街沙栏吓村获评第一批广东省乡村研学旅行特色村。

海洋文体旅游产品供给丰富。打造深圳—厦门—温州—舟山—上海旅游航线沿海观光游精品航线试点，填补中国高

[①] 资料源于《中国旅游集团化发展报告（2022）》。
[②] 资料源于《2022年第三季度中国文旅商综合体欢乐指数百强榜》。

端游轮运营的空白，形成以深圳蛇口为母港，港、船联动的运营模式。"招商伊敦"号推出"深圳周边海上游"和深圳厦门"滨海双城之旅"新线路。"海上看湾区"新推出环桂山岛、深中通道探访新线路，深圳机场码头首条海上观光航线"海上彩虹号"启航。深圳机场码头联合深圳航运集团挖掘、整合空海特色旅游资源，打造"深圳机场码头至前海湾"精品观光航线，丰富"空海联运"服务新内涵。以"中国旅游日"为契机，招商局邮轮有限公司加强各类跨界资源合作，开展"国潮湾区"主题活动。成功举办第二十一届深圳黄金海岸旅游节，发布"盐 i 游文旅宣传矩阵"、盐田重点文体旅活动、盐田区远足郊野径文旅精品游线。推进沙头角深港国际旅游消费合作区建设，打造深港东部旅游新高地。

培育滨海体育旅游新业态。引进高端体育赛事品牌，顺利申办水翼帆板世界杯亚洲分站赛、2022 年全国帆板锦标赛暨 2023 年水翼帆板世界杯亚洲站测试赛、世界海岸赛艇沙滩冲刺赛等高端赛事。举办 2022 年深圳帆船周系列活动，利用各界资源，与现有的帆船俱乐部，码头游艇会全面合作，组织举办 2022 年"学生杯"深圳帆船赛、中国家庭帆船赛深圳站比赛、深圳水上运动安全培训、美周杯嘉年华帆船赛、中国青少年帆船赛、新年杯帆船赛、首届航海圈杯深惠大帆船拉力赛及其他帆船活动等。深圳帆船周系列活动通过吸收融合深圳本地各项精品帆船赛事培训活动，形成本地化、常态化、标准化模式，让帆船帆板运动成为推动深圳水上运动赛事蓬勃发展的品牌赛事。

加大滨海旅游业政策扶持力度。《国务院关于同意在深圳市调整实施有关行政法规规定的批复》（国函〔2022〕15号，以下简称《批复》）正式发布，为国家首次在深圳暂时调整实施行政法规。《批复》同意在深圳市暂时调整实施《中华人民共和国海关事务担保条例》第五条第一款第二项和《中华人民共和国进出口关税条例》第四十二条，对深圳市内游艇自由行实行免担保。深圳海事局为"桐舟""曙光海洋""前往11号"等3艘游艇颁发《中华人民共和国游艇"多证合一"登记证书》，成为全国首个颁发游艇"多证合一"登记证书的海事管理机构，标志着游艇登记证书"多证合一"改革试点制度正式落地。深圳市新冠肺炎疫情防控指挥部办公室发布《关于高效统筹疫情防控和文体旅游行业发展的通知》，提出大力发展市内游、近郊游、海上游、休闲游等"微度假"旅游产品。探索建设粤港澳国际游艇旅游自由港，大鹏新区与前海蛇口自贸片区共同编制《粤港澳国际游艇旅游自由港建设方案》。

三、海洋能源与矿产业

2022年，深圳举办"2022年中国海洋新能源产业发展论坛""深海矿产资源商业开发论坛"，为实现产业高质量发展搭建国家级交流平台。中国海油深圳分公司运营的南海东部油田年产油气首次突破 2000 万吨油当量，较 2021 年增产超过 220 万吨，提前 3 年实现国内油气增储上产"七年行动计划"目标任务。

关键核心技术取得突破。中国海油深圳分公司在碳捕集（CCUS）、漂浮式风电、风电制氢等方面突破一批关键核心技术，我国首个海上二氧化碳封存（CCS）示范工程完工，还有大亚湾千万吨级海上 CCS/CCUS 集群研究项目、陆丰油田群深远海漂浮式风力发电研究及示范应用、高栏终端工艺脱碳产品化回收利用。加强钻完井自主设计能力建设，建立海上深层及超深层油气勘探关键技术、海上二氧化碳规模化封存及智能油气田等技术体系。由谢和平院士领衔的深圳大学与四川大学团队自主研制的天然气水合物保温保压取样装备海试成功，成为国际上首次获得的保温保压的天然气水合物原位保真样本。清华大学深圳国际研究生院在海上风机自动安装领域取得新进展，提出基于主动缆绳张力控制的自动化单叶片欠驱动安装方法，通过控制连接在吊具上的水平缆绳的张力，实现在复杂风场情境下的叶根与轮毂间相对运动补偿。

打造前海天然气贸易集聚区。前海简化天然气纯贸易企业危险化学品经营许可证程序，为天然气贸易企业办理相关证照提供一站式服务，同时对企业开展天然气贸易按其贸易增加值给予最高 3000 万元的奖励。前海合作区内全年正式注册落地天然气贸易企业 24 家，包括中海油、中国燃气、中集、华安石油气、九丰能源、胜通能源等业内龙头或知名企业,天然气贸易总额超130亿元,产业集聚发展态势初步形成。

全力推动重大产能项目建设。中海油深圳分公司亚洲第一深水导管架平台"海基一号"及中国首套自主研发的深水水下采油树正式投用,陆丰15-1和陆丰22-1两个油田开始投产,初期日产原油达2700吨,全部投产后预测高峰日产石油达5000吨。亚洲最大海上石油生产平台恩平15-1平台在深圳西南约200千米的大海中建成投用。中广核汕尾甲子90万千瓦海上风电场正式实现全容量并网发电,标志着全国最大平价海上风电场建成投运。深圳市天然气储备与调峰库二期扩建工程开工建设,项目位于大鹏新区葵涌街道下洞油气仓储基地北侧,总投资37亿元,拟建设2座16万立方米的LNG储罐及其站内工艺、公用及辅助设施,完工后深圳城市燃气应急储备量将由7天提升至30天,天然气安全稳定供应能力将进一步得到保障。深圳液化天然气应急调峰站项目下沉式LNG储罐基坑的两个圆形基坑底板全部浇筑完成,项目共设4个储罐,本工程为一期T-2101、T-2201两个储罐基坑及相关地下结构工程。推进广东大鹏LNG接收站项目扩建。深圳能源东部电厂二期主体工程项目开工建设,标志着深圳能源东部电厂二期主体项目H级(2×700 MW)燃气—蒸汽联合循环发电机组重点建设项目正式落地启动。研究宝安区海上漂浮式光伏发电项目,提出采用轻质组件技术示范建设1000兆海上漂浮式光伏。推进红海湾海上风电项目,支持开展海上风电+海水制氢等建设新模式。

政策支持力度进一步加大。深圳市发展和改革委员会、深圳市科技创新委员会、深圳市工业和信息化局、深圳市规划和自然资源局联合发布《深圳市培育发展新能源产业集群行动计划（2022—2025年）》，推进天然气扩大利用工程、海上风电发展工程、氢能产业培育工程以及新兴能源开拓工程等工程落地。深圳市发展和改革委员会出台《关于支持开展天然气贸易助力打造天然气贸易枢纽城市的若干措施》，提出高标准建设前海天然气贸易集聚区、大鹏液化天然气走廊和盐田国际船舶保税LNG加注中心，助力深圳打造成为具有国际影响力的天然气贸易枢纽城市。深圳市人民政府出台《关于进一步促进深圳工业经济稳增长提质量的若干措施》，提出适度超前推进能源基础设施项目建设，加大电厂、电网、油田勘探开发、LNG接收站、海上风电、光伏、生物质能、储能和氢能等领域重大项目投资建设力度。深圳市发展和改革委员会印发《深圳市国际航行船舶保税液化天然气加注业务试点管理办法》，推动做好国际航行船舶保税液化天然气加注试点工作。

四、海洋渔业

2022年，深圳市（含深汕特别合作区）渔业产量8.27万吨，同比增长3.74%。其中，远洋捕捞量3.24万吨、近海捕捞量2.46万吨、水产养殖量2.57万吨，实现渔业产值约

26亿元，全市渔业平稳健康发展。

坚持战略引领，健全现代渔业发展顶层设计。深圳市规划和自然资源局印发《深圳市现代渔业发展规划（2022—2025年）》，编制完成《深圳市推动现代渔业高质量发展的实施意见》和深圳市农业发展专项资金（渔业类）扶持措施（送审稿），明确深圳现代渔业发展的总体目标、重点方向与发展路径，引导渔业转型升级和绿色高质量发展。

坚持挺进深蓝，加快建设深圳国家远洋渔业基地。完成深圳国家远洋渔业基地可行性研究，开展项目核准和用海用地审批等相关工作。2022年11月18日，深圳市人民政府与中国农业发展集团有限公司（以下简称中农发集团）签署战略合作框架协议，将把中农发集团渔业总部落户深圳，在国家远洋渔业基地和国际金枪鱼交易中心建设运营方面开展深入合作。

高标准筹办深圳市国际渔业博览会，打造国际交流合作平台。2022年9月，《深圳国际渔业博览会总体方案》获得市政府同意批复，招展招商、论坛活动、宣传策划等工作正持续推进。截至2022年底，已向13家外国政府部门、商协会及外国驻华机构发出邀请，并收到智利、西班牙、亚欧等国家和地区的相关行业组织确认参会。

坚持科技兴渔，大力实施水产种业振兴行动。高标准筹建深圳市现代渔业（种业）创新园，完成创新园项目建设研究报告，推动建设国际一流的蓝色种业中心。推动建成杨梅坑墨瑞鳕鱼繁育示范基地、洋畴湾卵形鲳鲹水产品种质库基地、方斑东风螺地方种群选育试验基地等一批代表性好、展示度高的示范样板。

以养殖工船为先导，推动养殖业向深远海发展。实施"耕海牧渔"工程，拓展深远海养殖空间，高水平建设"深蓝粮仓"。推动建设4艘10万吨级大型智能化养殖工船，形成集陆基育苗、工船舱养、海上补给、初级加工、冷链物流、产品营销于一体的综合性渔业生产和供应体系。2022年9月27日，项目通过专家论证会。12月27日项目正式开工建设。

以现代化渔港群建设为核心，打造都市型渔业发展新名片。深圳市规划和自然资源局编制《深圳市渔港空间布局规划》，引导蛇口、盐田、南澳等传统渔港转型升级。组织开展蛇口渔港升级改造方案设计国际竞赛相关工作。开展盐田渔港升级改造规划研究，打造渔业文化体验、水产品消费、休闲渔业有机融合的盐田都市消费型渔港。深汕小漠、鲘门渔港升级改造已完成项目立项、项目代建招投标等事宜，将持续推进项目实施落地。

坚持消费拉动，助力企业找市场强信心。主办"2022年深圳水产品推介会""2022年深圳海鲜年度庆典"，创新"产业+直播+金融"模式，推广鲜活石斑鱼、珍品黄骨鱼、印尼南美白虾、沙井蚝肉、冰鲜金枪鱼刺身等特色水产品，帮助渔业企业寻找市场，促进优质健康水产品消费。联动中国建设银行深圳市分行，在国内率先发放20万元水产品线上消费数字人民币，助力实体经济和消费复苏。活动一个月内拉动石斑鱼消费 20 多万千克，产值约 1700 万元，带动"深圳手信"沙井蚝油年营收由 50 万元增至约 500 万元。

坚持绿色发展，加强渔业资源保护与生态修复。贯彻落实南海伏季休渔和渔业资源总量控制制度。扎实推进国家级海洋牧场示范区和人工鱼礁区建设管理。加强水生野生动物保护科普宣传，举办水生野生动物保护科普宣传月系列活动。积极组织水生生物资源增殖放流工作，2022 年全市海域累计增殖放流虾苗 4022 万尾、鱼苗 1530 万尾、贝类 705 万粒，珍稀水生动物中国鲎苗种 2 万余个、成体 560 个，不断推进渔业资源可持续发展。远洋渔业基地设计图见图 3-2。

图 3-2　远洋渔业基地设计图

资料来源：深圳市规划和自然资源局提供。

五、海洋工程和装备制造业

深圳市拥有包括中集集团、招商重工在内的多家海工装备龙头企业，形成以孖洲岛为主体的海工装备及船舶修造基地，初步形成较为完备的海工装备产业链条。在海工装备制造、配套、应用服务领域，全市企业在业务与技术上取得多项创新突破，新成立多家企业、研究院、公共服务平台。

装备制造和配套领域，2022年，中集海洋工程业务新签订单金额基本维持油气和非油气业务各50%的业务组合和产能布局，其中特种船项目10个（合同金额约9.3亿美元，包括7艘滚装船合同5.9亿美元，2艘风电船3亿美元），累计持有在手订单价值同比增长122%，交易金额增至39亿美元。中集集团拓展能源和环保领域业务，聚焦于电化学储能装备、风电装备、发电装备和新能源装备等方面，完成全球最大双燃料冰级滚装船燃油模式试航。中海油深圳分公司重点推动深水导管架平台、浮式生产储油船（FPSO）单点系泊系统等深水工程体系建设，加强深水水下生产系统、无人化智能化平台等装备设计建造。应用服务领域，胜宝旺参与加工设计、陆地总体安装以及尺寸控制等关键核心技术环节，标志着中国深水超大型导管架成套关键技术和安装能力达到世界一流水平。招商局重工（深圳）有限公司参与的"100米级水深超软复杂地层关键钻井技术装备及工业化"获得2022年度海洋科学技术奖一等奖。汇川技术首台套海工变频器设备成功应用。

推进海工领域创新载体建设。加快推动建设智能海洋工程制造业创新中心，打造智能海工关键技术研发、转化和商业化应用的新载体。中集海洋科技集团揭牌，围绕高端海工装备制造业、海洋新能源产业、海洋蛋白产业以及海上数据中心等方向打造"4+N"的海洋产业新赛道。成立中船深圳海洋科技研究院有限公司，深圳现代海洋产业试验场、国家海洋高端装备公共服务平台等重大公共服务平台项目取得重要进展。友联船厂与招商局海洋装备研究院共同组建招商工业绿色科技修船联合实验室，开展绿色环保的修船技术及装备研发、知识产权布局及成果推广等工作，引领修船生产方式转变和可持续发展。海油工程申请认定的"深圳市海洋油气水下设施安装与调试工程技术研究中心"获批立项，着力解决深海油气开发中的"卡脖子"技术难题。

政策支持力度增强。深圳市工业和信息化局、深圳市发展和改革委员会、深圳市科技创新委员会联合发布《深圳市培育发展工业母机产业集群行动计划（2022—2025年）》，提出面向海洋工程装备、航空航天装备等领域开展一批高精密功能部件加工试点示范项目。深圳国家高新区领导小组印发《深圳国家高新区"十四五"发展规划》，提出协同发展海洋经济产业，着力发展海工装备制造产业集群，重点布局宝安园区，为海洋工程和装备制造业提供政策支持。深圳市工业和信息化局发布《深圳市战略性新兴产业扶持计划》，进一步落实新兴产业扶持计划海工装备领域10个市场准入项目。

六、海洋电子信息业

依托深圳先进的电子信息制造业集群，产业链条加速向海洋领域延伸嫁接，逐步实现关键性技术突破和技术成果转化。华为、中兴、研祥等龙头企业已进军海洋通信、船舶导航等领域，邦彦、智慧海洋、海斯比、云洲智能和汇川技术等海洋骨干企业在海洋通信、智能无人系统、自动化控制系统等领域，实现关键技术突破。

海洋电子信息实现技术突破。亚太星通针对航运业发展需求，通过智能感知、大数据和 AI 分析决策等技术构建"云—网—边—端"一体化的船舶智能服务平台，实现船舶数字化管理。震兑工业基于船舶工业大数据领域海量的数据积累和成熟的数据分析能力打造岸海联动管控体系，为全球首艘 10 万吨级智慧渔业大型养殖工船"国信 1 号"设计船舶信息集成平台。深圳海兰云研制全球首套商用海底数据中心核心装备"海底数据舱"。潜行创新研制生产潜鲛 P200 PRO、潜豚 CM 600 两款水下机器人，引领水下机器人行业的智能化探索和发展。赤湾通信聚焦于第三代海上通信系统——甚高频数据交换系统（VDES）开展技术突破和产业化应用，研发 VDES 船载终端和岸基基站。碧兴科技建成国内首座环保、水利共建浮台式水质自动监测站。

建设一批海洋电子信息平台。推进全球海洋大数据中心建设，组织开展深圳建设全球海洋大数据中心的研究工作，打造集数据获取、存储、加工、产品推送等于一体的海洋大数据共享服务平台。成立深圳海洋电子信息创新研究院，聚焦于海洋电子信息基础理论研究和前沿技术创新，开展水下物联网与智能海工等新兴交叉学科实验室建设，推动海洋电子信息技术的产业化和海洋产业发展。搭建西丽湖国际科教城海洋产业仪器共享服务平台，其中，深圳大学、南方科技大学、清华大学深圳国际研究生院、中国科学院深圳先进技术研究院、鹏城实验室等 5 所高校院所 183 台套海洋仪器参与共享。交通安全应急信息技术国家工程实验室和卫星应用技术研发中心、海洋水下设备试验与检测技术（深圳）国家工程实验室、海洋工程技术研究院等一批重大平台落地。

搭建企业精准对接平台。举办"海洋电子信息高峰论坛"，为海洋电子信息科技界和产业界搭建相互交流与学习的平台。举办"高通量卫星与智慧海洋发展论坛""2022 年中国（深圳）卫星应用与智慧海洋创新发展论坛"，打造卫星应用与智慧海洋产业交流与科技成果产业化服务支撑平台。举办第八届深圳海洋信息化科技展览会，展示海洋信息化科技产业前沿科技，实现信息沟通、技术交流和产品洽谈。举办"融通八方　创有所成"深湾汇新一代电子信息与海洋产业专场项目路演，聚焦于"20+8"集群发展战略，从政策规划、产业研究到金融对接做好产业促进的相关工作。

七、海洋生物医药业

深圳市拥有华大基因、健康元、海王、迈瑞、北科生物等一批优秀的创新型企业，拥有大鹏海洋生物产业园，初步形成集聚效应。举办"2022 年中国生物医药创新大会暨海洋生物医药发展论坛""海洋生物医药创新合作和发展论坛"，为产业提供交流合作平台。

突破重点领域关键技术。深圳先进院参与的"十三五"国家重点研发计划"海洋环境安全保障"中的重点专项——"海洋生物化学常规要素在线监测仪器研制"项目顺利通过验收,推动在扇贝足丝蛋白仿生材料研究领域取得重要进展。华大海洋破译全球首个芋螺的全基因组序列,在国际期刊发表海马降血压肽研究成果、宝石鲈基因组研究成果、套膜海葵转录组研究成果等。海王医药科技研究院推进基于海洋焦曲霉提取物改构物的一类创新药 HW130 研发与应用示范。北京大学深圳研究院开展海洋微生物源可降解材料研发与应用示范项目建设,采用生物合成替代化学合成生产非石油基塑料。广东海洋大学深圳研究院参与的"珊瑚繁养关键技术研究及其在生态修复中的应用"获得 2022 年度海洋科学技术奖二等奖。

积极推进海洋生物项目建设。深圳职业技术学院获批组建深圳市海洋活性物质工程研究中心,建设海洋活性物质发现和作用机制研究平台、海洋活性物质合成和结构优化平台、海洋活性物质规模化制备和成药性评价研发平台。深圳大学获批深圳海洋藻类生物开发与应用工程实验室提升项目,推进福田生物医药创新研发中心(二期)、国际生物创新与转化中心等建设,为海洋生物医药研发提供支撑。

强化医药领域扶持力度。深圳市发展和改革委员会出台《深圳市促进生物医药产业集群高质量发展的若干措施》,重点支持化学创新药，包括细胞治疗药物、基因治疗药物、基因检测设备、生物安全防护、新型血液制剂和新型疫苗等在内的高端生物制品，全新结构蛋白及多肽药物、儿童用药、罕见病药物、个性化治疗技术、生物酶技术、全新剂型及高端制剂技术、现代中药、古代经典名方中药制剂、先进制药设备以及数字化医疗等领域；提出对技术含量高、应用前景好、示范带动作用强的产品和平台项目，以及在应急处置和抗击新冠疫情中发挥示范引领作用的企业，在资金扶持、用地用房、人才奖励、注册审批、政府服务等方面予以优先支持。深圳市发展和改革委员会出台《深圳市培育发展生物医药产业集群行动计划（2022—2025年）》，提出到2025年，将深圳建设成为全球知名的创新药研发中心和国内领先、国际一流的生物医药产业集聚发展高地。

八、海洋现代服务业

深圳市初步构建了海洋现代服务体系，覆盖金融服务、信息服务以及技术服务等领域。在金融服务领域，国开行深圳分行、进出口银行深圳分行、农金圈金融、工农中建、中国出口信用保险公司（中信保）等一批现代海洋金融服务机构不断优化服务机制，为深圳海洋产业的发展提供强劲支持。

海洋现代服务业快速发展。银行机构为涉海项目提供贷款、授信等金融服务。邮储银行深圳分行为广东省汕尾市陆丰市甲子海上风电项目提供10亿元人民币的授信额度，截至

12月，已为项目提供信贷支持4.89亿元。各私募机构按市场化的方式在深圳设立海洋产业专项发展基金，投资海洋产业。成立深圳绿色航运基金，总规模100亿元，募集资金6.3亿元，按照市场化原则运营管理，通过资本的引领促进深圳航运业转型升级。依托深圳绿色航运基金，对正力集团、中国能源建设广东设计院、瑞典维肯集团、重庆冠达游轮等企业进行招商引资工作。中国海洋发展基金会粤港澳大湾区生态文明建设专项基金在深圳市宝安区揭牌，该基金将在海洋产业园、海洋生态公园、海洋工程中心设立，为海洋重大问题研究以及海洋权益维护等方面提供有效的社会资金支持和服务。

前海中船智慧海洋创新基金快速发展。前海金融控股有限公司围绕前海中船智慧海洋创新基金整体投资节奏和规划，紧扣基金4个主要投资方向，着力拓展项目承揽渠道。全年基金共完成储备项目入库超过300个。围绕基金积极"投向深圳"的战略要求，重点聚焦于深圳优质项目挖掘，推进深圳本地项目投资或推动优质项目落户深圳，全年推动深圳项目提交评审共计11个。

海洋现代服务体系不断完善。加快筹建国际海洋开发银行，起草探索设立海洋银行的可行性报告与筹建建议方案。推动设立粤港澳大湾区保险服务中心，支持航运业发展。推动设立海洋资源交易中心，大鹏新区探索海洋资源交易相关机制，试点建立海域使用权交易平台。深圳国际海事研究院揭牌，重点开展国际海事论坛会议、国际海事行业服务、国际海事智库建设、国际海事产业集群、国际海事技术孵化、国际海事合作发展等工作。挪威船级社中国有限公司深圳分公司落户深圳。推进福田气候投融资项目库建设，重点聚焦于海上风电、氢能利用、智能微电网、绿色港口和绿色机场、CCUS 等领域。

广泛拓宽中小企业融资渠道。自然资源部海洋战略规划与经济司、深圳证券交易所联合举办"海洋中小企业和科技成果投融资路演周活动"，路演企业及项目有机会对接深交所创新创业投融资服务平台的 9000 多家投资机构和约 2.8 万名专业投资人，助力解决中小企业融资困境。深圳全球海洋中心城市建设促进会举办海洋人之家"逐梦深蓝"系列活动之"稳进提质　金融助力"路演活动，帮助中小企业与金融机构进行产融对接，缓解涉海企业融资难、融资贵困境。此外，挖潜全市涉海企业中长期贷款融资需求，组织企业开展国家中长期贷款项目申报。

加强蓝色金融交流合作。2022 年 8 月，由深圳市绿色金融协会、中国责任投资论坛（China SIF）主办的"2022 年度深圳市绿色金融机构授牌仪式暨可持续蓝色经济金融发展与机遇论坛"成功举办，推动社会各界加强蓝色金融的交流合作。11 月，由世界自然基金会（瑞士）北京代表处和深圳市一个地球自然基金会共同主办的"可持续蓝色经济金融助力蓝色未来论坛"在深圳会展中心（福田）圆满举行。

积极搭建金融合作框架。深圳市规划和自然资源局与国家开发银行深圳市分行、深圳全球海洋中心城市建设促进会、深圳市绿色金融协会签订《支持深圳市建设全球海洋中心城市"十四五"全面深化战略合作框架协议》，四方将在深化开发性金融银政合作关系，推动深圳高质量建设全球海洋中心城市方面开展合作。同时与建行深圳分行签订《全球海洋中心城市建设战略合作协议》，约定"十四五"期间，建行深圳分行将提供不低于300亿元授信意向额度的信贷资源，专项支持深圳市海上交通运输、海洋生态环境、海洋信息科技、海洋高端装备制造、现代渔业、滨海旅游、海洋文化、海洋金融等八大海洋产业领域发展。以上两项金融合作框架协议的签订将为深圳市海洋产业高质量发展提供蓝色金融保障。

密集出台推进海洋现代服务高质量发展政策。深圳银保监局联合中国人民银行深圳市中心支行、深圳市规划和自然资源局、深圳市地方金融监管局发布实施《深圳银行业保险业推动蓝色金融发展的指导意见》，提出进一步加大对海洋产业和涉海企业的金融支持，推动构建蓝色金融体系，创新蓝色金融服务。深圳市地方金融监督管理局发布《深圳市金融业高质量发展"十四五"规划》，提出探索发展"金融+海洋"，打造宝安湾滨海国际金融中心、盐田特色金融集聚区。深圳市发展和改革委员会印发《深圳市服务业发展"十四五"规划》，提出支持金融业围绕供应链文化、海洋等领域需求，创新发展智慧供应链金融、文化金融、海洋金融。深圳市前海管理局印发《深圳市前海深港现代服务业合作区管理局促进商贸物流业高质量发展办法》，促进深圳前海深港现代服务业合作区贸易、现代物流、航运服务、商业高质量发展。盐田区工业和信息化局印发《盐田区构建现代产业体系促进经济高质量发展扶持办法》，提出对航运金融类企业可给予最高 300 万元的落户和运营奖励。

第三节 深圳市海洋产业空间发展情况

一、深圳海洋产业空间格局

深圳市海洋产业园区涵盖了海洋油气、滨海旅游、海洋渔业、港口航运、海洋工程装备、海洋电子信息、海洋生物医药、海洋科技服务等多类产业领域。深圳统筹陆海资源，优化要素配置。以两廊汇聚优势发展资源，"广深港"海洋科技创新走廊以海洋新兴产业、海洋现代服务业为重点，引导科技创新、高端服务要素集聚；"深惠汕"海洋产业发展走廊布局海洋科技服务、高等教育功能，发展生物医药、航运、旅游等特色产业集群。以四区统筹全域海洋产业发展格局，海洋新兴产业集聚发展区重点布局海洋电子信息、海洋高端装备及智能设备、海洋能源等产业集群，形成海洋新兴产业创新生态链条；海洋现代服务与创新研发核心区以前海—蛇口自贸区为服务核心，南山区为创新引擎，含福田区、罗湖区，集聚发展海洋现代服务及科技研发功能；蓝色智慧与文旅产业集中承载区重点发展海洋基础科研及高等教育、滨海休闲文旅、航运服务功能；深汕海洋产业多元拓展区布局海洋能源、工程装备、远洋渔业、滨海旅游等特色产业集群，引导科技成果在深汕实现产业化。

深圳市海洋产业园区主要沿东西两翼布局，随着深汕特别合作区加快发展，以海洋为特色的产业园区也在加快布局。具体来看，深圳市已建成海洋产业园区 6 个，规划建设海洋产业园区 4 个。在已建成的产业园区中，南山区 1 个，为赤湾海洋科技产业园；盐田区 1 个，为大百汇生命健康产业园；宝安区 2 个，为海力德海洋科技产业园、大铲湾蓝色未来科技园；大鹏新区 1 个，为国际生物谷大鹏海洋生物产业园；深汕特别合作区 1 个，为深汕海洋智慧港。在规划建设海洋产业园区中，南山区 1 个，为深港·海洋总部经济产业园；宝安区 1 个，为中欧蓝色产业园；大鹏新区 1 个，为深圳市现代渔业（种业）创新园；深汕特别合作区 1 个，为深汕南部临港产业园。

二、海洋产业园区建设情况

（一）建设运营类

1. 赤湾海洋科技产业园

（1）总体情况

赤湾海洋科技产业园位于广东深圳市南山区赤湾七

路，投资主体是中国南山开发（集团）股份有限公司。其中，项目启动区为赤湾、赤湾五路、赤湾二路及赤湾一路所围合区域，规划建设面积为34.5万平方米，现有总建筑面积约23.15万平方米。赤湾片区承担全球四大油服基地及国际集装箱枢纽港功能，中国南山集团早期培育了深基地、深赤湾两家涉海上市企业，参股投资了片区内数个优质企业，聚集了一批享誉全球的国际石油公司及石油服务公司。

（2）产业发展情况

赤湾海洋科技产业园以海洋产业为特色，战略性新兴产业及文化创意产业为基础，形成"1+3+2"产业体系，着力打造宜居宜业的海洋科技新城。目前现有存量企业约150家，海洋+科技占比超60%。

2. 大百汇生命健康产业园

（1）总体情况

大百汇生命健康产业园坐落于盐田区核心行政商务区，投资及建设主体为大百汇实业集团有限公司，运营主体为深圳市大百汇置业有限公司。园区打造集专业化产业空间、精准化产业运营平台、全阶段金融服务体系、有竞争力的产业扶持和人才政策等为一体的全产业链条。目前，园区已经形成以细胞与基因为主要赛道的生命健康产业链，先后被评为深圳市唯一的"细胞与基因产业链专业园区""深圳市小型微型企业创业创新示范基地""盐田区投资服务重点产业园区"。产业园规划总建筑面积36万平方米，其中已投入使用建筑面积24万平方米。园区已建立包括国际生命科学创新中心、上海交大深圳研究院技术转移中心、深圳市生命科技产学研资联盟等专注于生命健康产业的企业孵化和技术转化服务平台，并成立了专项生命科学转化产业基金扶持园区企业成长，不断引进优质项目入驻园区，见图3-3。

图3-3　大百汇生命健康产业园

资料来源：大百汇园区运营方提供。

（2）产业发展情况

产业园已引入企业美年大健康、裕策生物、菁良基因、赛莱克斯、东晋大健康、思勤医疗、展行生物、泛因医学等细胞与基因领域的高科技企业，覆盖产业链条各环节，引进华大海洋研究院、华海健康科技、华海种业等海洋项目，形成以基因和细胞与干细胞为产业特色，以细胞及基因产业为重点方向的专业生命健康产业园区，具备生态可持续发展能力，已形成规模集聚效应。园区是深圳规模最大、专业化程度最高的生命健康产业园，聚焦于分子诊断、基因检测、数据、健康服务、医疗人工智能、细胞诊疗、高端轻医疗服务等生命健康前沿领域，被评定为细胞与基因产业链专业园区。在平台发展梯度上，已形成技术转移中心—孵化器—加速器的发展体系，未来将完善产业发展的公共服务配套打造医疗器械 CCC 公共服务平台，提供医疗器械全生命周期服务。服务平台服务内容涉及研发转化、产线筹建、体系建立、工艺开发、原材料筛选、样品生产、产品检测、临床试验、性能验证、规模生产、配送、仓储等阶段，夯实盐田生命健康产业核心竞争力。同时，引入先进的孵化培育体系，进一步加快企业发展。

3. *海力德海洋科技产业园*

（1）总体情况

海力德海洋科技产业园位于广东省深圳市宝安区铁仔路，项目投资主体是海力德油田技术开发有限公司。园区面积约为 3600 平方米，是深圳市首个海洋科技产业落地项目。园区聚焦于海洋油气工程服务、海工数字化行业和海洋检测行业，吸引了海检（深圳）有限公司等十余家企业入驻。

(2) 产业发展情况

园区已入驻企业约 20 家，其中包括深圳信测标准技术服务有限公司、深圳市海博科技有限公司、深圳市时利信电子有限公司、深圳市芯通互联科技有限公司、深圳市泰威尔科技有限公司、郎思传感科技（深圳）有限公司等，已基本形成较为完善的配套设施。园区与西乡街道签订 10 年合同，预期在 10 年内完成 25 亿元产值，目前信测一年产值 6 亿元左右，以海洋科技服务为主，海洋产业占比超 90%。

4. 大铲湾蓝色未来科技园

(1) 总体情况

大铲湾蓝色未来科技园是盐田港集团[①]旗下的海洋产业园区，位于珠江出海口东岸及深圳市宝安中心区的大铲湾港区辅建区，是粤港澳大湾区城市群中心，东接"前海深港现代服务合作区"，南近蛇口，北距深圳宝安国际机场约 9 千米，毗邻香港、广州，具有海陆空战略资源汇集的区位优势。园区总投资额约 11.34 亿元，园区一期占地面积约 2.1 万平方米，二期（国际商贸物流中心）占地面积约 7.6 万平方米，见图 3-4。

(2) 产业发展情况

大铲湾蓝色未来科技园园区通过"智慧产业园运营+产

---

① 现已更名为深圳港集团有限公司。

第三章 海洋产业——强化全球海洋竞争优势

图3-4 大铲湾蓝色未来科技园启动仪式

资料来源：大铲湾园区运营方提供。

业综合服务+产业投资"的运作方式，重点引进海洋经济、新一代信息技术、生物医药等战略新兴产业的企业和科研机构，高标准推进园区基础设施建设和产业空间打造，致力于打造具有较强行业竞争力和可持续发展动力的新型产业园。聚焦于"海洋+港航+科技"，重点发展海洋电子信息产业、海洋智能装备为主的海洋新兴产业领域，培育发展海洋现代服务业，规划打造集港口、航运、科技、信息、商务、金融、总部等功能于一体的港产城融合都市核心区。现已有深圳赫兹生命科学技术有限公司、深圳市佳钰生物科技有限公司、深圳市协同人工智能和先进制造研究院等12家企业签约入园。园区坚持港产城融合发展，围绕"海洋+港航+科技",打造技术先进、产业高端、业态多元的现代产业集群。

5. 深圳国际生物谷大鹏海洋生物产业园

(1) 总体情况

深圳国际生物谷大鹏海洋生物产业园投资、建设、运营主体均为深圳市大鹏新区投资控股有限公司,于2009年10月正式挂牌成立,占地面积约20.5万平方米,是国家发展改革委批准的首批国家生物产业基地之一,列入了《深圳生物产业振兴发展规划(2009—2015)》《深圳国家创新型城市总体规划(2008—2015)》等相关规划,是深圳市政府为扶持海洋生物产业发展,全力打造的集研发、孵化、产业化于一体的新型园区。目前一、二期已改造完成,正推进三期及孵化基地建设,三期改造初具规模,建筑面积约9万平方米,配套临海科研中试基地2万平方米,以及2000平方米的高精仪器公共服务平台。海洋生物产业园三期规划建设将成为大鹏新区落实"东进战略"的重要产业提升项目,也是建成生态岛、生物岛、生命岛和世界级滨海生态旅游度假区"三岛一区"的重要支撑内容,整体谋划园区三期规划开发建设具有重大意义。

(2) 产业发展情况

园区重点发展海洋生物资源的综合开发利用、海洋生物检测、海洋生态环境修复及海洋水产品深加工等产业领域。

园区初步形成产业集聚效应，累计吸引80余家企业和科研机构入驻，包括因诺转化医学研究院、国大生命科学院、华大海洋、鸿美诊断（诺贝尔奖团队）等行业领军企业。现已入驻50家企业和科研机构，包含隆平金谷、绿诗源生物、澳华集团等6家规模企业，广东海洋大学深圳研究院、清华大学深圳研究生院等4家科研机构，40家中小企业。已引进院士团队3个、国家级领军人才1人，成立院士工作站3个，各级各类研究所、重点实验室、产学研示范基地共十余个，获得知识产权项目数超过120个（项），依托广东海洋大学深圳研究院孵化了10余家初创团队，产业集聚效应已初步显现。据初步统计，园区就业总人数近600人，2022年企业主营业务收入约17亿元，税收约1400万元。

6. 深汕海洋智慧港

（1）总体情况

深汕海洋智慧港位于深汕特别合作区鲘门镇百安半岛入口处，投资及建设主体是广东深汕投资控股集团有限公司，运营主体是深圳智造城产业发展有限公司。园区占地面积约5万平方米、建筑面积22.8万平方米，是集高端研发办公楼、五星级酒店、交流展示中心于一体的综合性产业园。园区以海洋科技产业与人工智能产业为核心，重点发展水下机器人、无人船、水声通信、深海传感器、海洋大数据及人工智能相关产业，规划打造深汕海洋智库、海洋科技企业总部基地、深汕海洋科研中心和海洋创新孵化中心,见图3-5。

图3-5 深汕海洋智慧港

资料来源:深汕海洋智慧港园区运营方提供。

(2)产业发展情况

目前,已有中船(深圳)海洋科技研究院有限公司、深圳市智慧海洋科技有限公司等10家涉海企业及科研机构入驻,或意向签约入驻海洋智慧港园区,意向入驻面积约29500平方米。央企中国安能集团第二工程局有限公司全资子公司安能(深圳)建设公司正式入驻园区,租赁面积约1850平方米。同时,正与中国电子深度沟通产业合作方向。

一是海洋科技产业集群。秉承深圳建设"全球海洋中心城市"以及深汕特别合作区在鲘门打造机器人集聚区的战略方针,海洋智慧港以海洋科技产业与人工智能产业为核心。

重点发展产业为水下机器人、无人车、水声通信、深海传感器、海洋大数据及人工智能相关产业等海洋技术相关产业。

二是海洋智慧研究中心。吸引各大高校以及研究机构，建设围绕海洋智慧学科研究的研究中心，将海洋智慧港建设成为深圳市海洋智慧大脑中枢。重点打造深汕海洋智库、海洋科技企业总部基地、深汕海洋科研中心和海洋创新孵化中心。

三是海洋展示交易平台。瞄准国际高端会展发展趋势，通过园区内的海洋会展中心及高端五星级酒店等载体，发展和推广海洋科技与人工智能相关产业。重点展示推广海洋科技专业博览会、人工智能展览展示会、海洋企业交流推广会和海洋成果展览。

（二）规划建设类

1. 深港·海洋总部经济产业园

（1）总体情况

深港·海洋总部经济产业园位于妈湾智慧港后方陆域T101-0013地块，目前处于规划论证阶段，项目投资、建设、运营为招商局港口集团和深圳海星港口发展有限公司共同承担。项目自持运营部分（约11万平方米）由招商港口下属运营平台直接运营，6万平方米部分由符合园区产业导向的第三方企业运营。西至妈湾大道，北至月亮湾大道，南至小南山，东至月前一路。园区总体规划面积约5万平方米，项目证载用途为仓储物流用地,现状为妈湾智慧港配套集装箱堆场。2018年,前海自贸区赋予项目用地新规划功能。在深圳产业发展导向和促进产业用地集约节约利用的引导下,深圳海星港口发展有限公司及招商局港口集团推动产业用地提容,拟建设深圳深港·海洋总部经济产业园区。目前提容方案已经通过规资局南山管理局局办工会审批,拟报南山区政府区常务会审批。以智慧港口相关的海洋经济产业为核心,吸引以数字化应用为核心的数字经济产业、以高端物流装备制造研发中试为核心的高端装备制造业入驻,打造前海智慧数科产业集聚区。园区整体为研发办公用地,全部符合孵化、加速、中试等功能。除企业自用外,拟投入不小于2万平方米的孵化基地,并给予宿舍、商业等配套生活服务;招商局集团创新基金进行资金扶持;利用招商局集团深港双平台进行产业交流互动。

(2)产业定位

园区总体定位为国际智慧港城示范中心,拟重点吸引海洋经济、数字经济、先进制造业等战略性新兴产业集聚,促进新一代信息技术、高端装备制造成果的研发和转化,打造"港口+"产业生态。根据与南山工信局拟定的监管协议,预计年营业产值74亿元。根据产业规划报告,园区产业为以海洋经济为主、数字与时尚和高端制造装备为辅的战略性新兴产业,预计涉海洋经济占比85%以上。

深圳前海战略性新兴产业集聚区。重点引入发展以智慧港口为核心的海洋经济产业、以数字化应用为核心的数字经济产业、以高端物流装备制造研发中试为核心的高端装备制造业，成为前海战略性新兴产业聚集区。

招商局数字化转型平台。搭建招商云平台及数字湖平台的研发中心及成果展示中心，助力招商局集团数字化赋能。招商云是招商局集团数字化战略的核心关联企业赋能平台，是数字化转型建设的技术底座，对促进产业共享、提升收益，汇聚数据、挖掘价值，打造云化生态和产业转型升级具有不可替代的作用，是赋能二级公司客户服务、生产经营、内部管理、生态打造和助力招商局产业转型的先导工程。建立聚集招商金科、中外运创科、招商国科、招商新智、招商城科 5 家招商局数字科技公司的研发中心，提升研发质量和效能，提升自由研发和管理能力，推动招商局数字产业化发展。

智慧港口创新科技基地。打造智慧港口全球营运中心，依托妈湾智慧港的应用场景，建立全流程解决方案研发中心；建立智慧港口创新科技基地，提供研发、测试、应用空间。打造招商港口全球智慧港口统一运营、监控、指挥中心。依托妈湾智慧港的应用场景，服务 5G+无人驾驶、工业互联网、大数据等产业创新关键技术研发需求，建立 5G 智慧港口创新实验室、广东省基于云平台架构的自动化智慧码头工程技术研究中心、数据中心 IDC 等研发空间，满足研发、测试、生产、集成、应用等产学研一体化发展要求。打造智慧港口生态圈,与国家科研组织、头部企业和高校打造创新研究机构,孵化智慧港口应用独角兽企业。打造招商港口创新科技转型平台、区域组合港营运中心,延伸港口业务产业链,构建港口金融贸易中心。

2. 中欧蓝色产业园

(1) 总体情况

中欧蓝色产业园。园区位于海洋新城中部区域,目前处于规划论证阶段。园区探索"总部+基地"的一体化产业组织模式,打造以海洋企业国际总部、海洋研发服务、海洋科技金融、海洋事务治理等为特色的综合型海洋新兴产业集聚区。

(2) 产业定位

海洋高端智能设备:瞄准国际海洋高端智能设备研发和制造前沿领域,结合深圳高新技术产业基础,聚焦于深潜器关键技术和装备、海底作业机器人、海洋矿产勘探技术和装备等产业链,支持高技术船舶研发设计及先进材料技术研发,建立海洋高端装备核心配件制造研发基地,打造服务海洋高端装备产业的中小企业总部集聚区。

海洋电子信息:借鉴欧美在海洋电子信息领域的先进经验,结合深圳电子信息产业基础,重点发展海洋遥感与导航、水声探测、深海传感器、深海观测系统、水声通信、海洋大数据、新型海洋观测卫星等关键技术和装备,合作建立深海科研基地，建设功能完善的综合型产业化基地，打造海洋电子信息技术成果转化基地。

海洋专业服务：瞄准欧美海洋专业服务高端资源，聚焦于海洋航运服务、海洋金融服务及海洋要素交易平台，积极引进国际船级社，探索设立海洋新兴产业基金，打造海洋项目融资服务平台、海洋科技成果转化交易平台、海洋产业公共技术平台、海洋科技企业创新创业综合服务平台、知识产权合作平台等一系列海洋专业服务平台。

海洋文化旅游：借鉴国际在海洋文化旅游领域的先进经验，结合深圳文化旅游基础以及海洋新城的发展条件，重点建设滨海湿地公园，打造商业综合体，建设滨海商业街，完善文化旅游配套服务。

海洋高端会务：瞄准国际高端会展发展趋势，定期举办海洋科技专业展览和博览会，建设海洋国际会议中心和七星级酒店，为海洋科技提供交流、推广和交易平台，发展高端住宿餐饮服务。

海洋生态环保：对接欧美在海洋生态环保领域优势资源，结合深圳海洋生态文明示范区建设，聚焦于海洋环境监测技术、海洋生态技术等领域，引进国内外海洋生态环保企业和机构，搭建海洋生态环保技术合作中心，为南海区域生态环保合作提供重要载体。

海洋新能源：瞄准国际海洋可再生能源先进技术和发展趋势，结合深圳相关研发基础，开展天然气水合物、波浪能等关键技术和设备的研发和设计,培育具有自主知识产权的海洋可再生能源产业体系。

3. 深圳市现代渔业(种业)创新园

(1)总体情况

深圳市现代渔业(种业)创新园目前处于规划论证阶段。园区拟采用"政府引导+市场运作+企业管理"的运营管理机制,以渔业种业工程为主导,聚焦于遗传育种技术、苗种生产技术、水产养殖技术和活性物质提取技术,布局渔业科技创新中心、渔业国际会议交流与休闲展示中心和水生野生动物救护中心,打造大湾区海洋渔业科研创新示范基地。

(2)产业定位

基地同时承担渔业科研和水生动物救护任务,项目研究由深圳市渔业发展研究中心实施,广东海洋大学深圳研究院作为合作单位,与其共同开展基地建设研究。研究重点是基地选址、功能、布局、运行。现已确定将深圳市大鹏新区作为深圳市现代渔业(种业)创新园(水生野生动物救护中心)候选位置。

针对深圳渔业实际,基地的功能初步包括:渔业种业工程中心,组建遗传育种中心等核心研发机构,建设名优水产种质活体保存库、基因资源保存库,按照工程化、自动化、信息化、智能化的标准,分区域、分物种建设苗种生产基地,筹建水产种业经济物种亲本和苗种交易平台;水生野生动物救护中心,积极承担水生野生动物保护管理相关技术支撑工作,包括主动救护与被动救护,拓展水生野生动物保护公益性、基础性技术服务,联合科研、教学机构及社会团体组织构建水生野生动物保护支撑服务体系;智慧渔业中心,重点建设渔业科技产业创新孵化中心,开展渔业大数据的创新应用,推进渔业科技创新,提升渔业数字化支撑能力。

4. 深汕南部临港产业园

(1) 总体情况

深汕南部临港产业园位于深汕特别合作区小漠镇,园区依托小漠国际物流港和盐田港集团[①],正加快建设小漠港商贸物流园区起步项目——小漠港一期码头配套项目,重点发展临港物流、临港服务、智能网联汽车、海工装备、滨海旅游和海洋渔业。南部临港产业园主要布局临港物流与服务、智能网联汽车以及其他海洋产业。

(2) 产业定位

强化小漠国际物流港的交通集散和综合服务功能,持续放大交通枢纽功能和平台效应。一方面,联动产业端与物流端,前瞻部署汽车滚装出口业务,利用港口后方临港工业园区的土地资源禀赋,建设汽车仓储物流基地,加速推动比亚迪汽车工业园(深汕)二期项目建设,发展汽车全产业链经济。另一方面,推动远洋渔业基地、粮食储备库等市级重点项目落地。打造深圳国际航运中心重要战略节点和生产服务

---

① 现已更名为深圳港集团有限公司。

型物流枢纽。南部临港产业园鼓励通过企业配建宿舍解决大部分职工住宿需求，并少量布局公共租赁住房。

第四节　深圳沿海区域海洋经济发展状况

一、南山区

南山区是深圳市主要临海片区之一，地处粤港澳大湾区核心地带，科技实力强劲，聚集中海油深圳分公司、中集集团、招商重工（深圳）等一批龙头企业，涉及海洋油气、海洋工程装备、海洋电子信息、海洋船舶等多个重点领域。

（1）完善海洋领域规划体系

开展《南山区培育发展海洋产业集群行动计划（2022—2025）》编制工作，行动计划立足南山区海洋产业基础雄厚、特色产业优势突出等产业现状，结合市、区各级需求，从海洋产业能级、创新能力、生态建设等方面制定发展目标，明确实施路径，推动南山区海洋产业高质量发展。完成《蛇口国际海洋城综合发展规划纲要》编制，从宏观系统层面提供蛇口国际海洋城规划发展建议与空间要素指引。

（2）持续推进海洋科研基础平台建设

依托涉海高校、科研机构、龙头企业引领，各级各类创新载体加速发展的海洋科技创新体系，不断强化科技赋能海洋产业发展。截至2022年底，辖区内拥有广东省海洋藻类生物工程技术研究中心（省级）、深圳海洋生物医用材料重点实验室（市级）等海洋领域市级以上创新平台载体超50家，涵盖海工装备、海洋生物医药、海洋可再生能源、海洋油气等多个领域，为海洋科研和人才培养提供有力支撑。

（3）稳步推进涉海重点项目建设

建设深圳海洋电子信息产业研究院。深圳海洋电子信息产业研究院以水下无线通信定位导航探测一体化为核心技术，推动海洋电子信息技术成果在深海油气、海上风电、智能航运、海洋渔业和海底采矿等领域转化应用，打造"海洋电子信息+"产业链。现已组建水下通信网络实验室，在水声通信和水下组网技术领域展开系列深入研究，助推海洋电子信息领域技术突破和成果转化。推进深圳海洋全域机动试验场建设。围绕海洋工程、海洋电子信息等领域对深水试验场和公共海试服务基地的需求，补全市区在海洋仪器测试平台领域空白，加快海洋成果转化和产业化，助推海洋产业链条提升，参与谋划建设深圳海洋全域机动试验场。

二、福田区

福田区海洋产业以海洋交通运输业、滨海旅游业和涉海金融服务业为主，海洋产业增加值总体集中度较高。作为深圳市金融中心，福田区具有良好的金融基础设施和完备的金融业产业链体系，涉海金融服务业优势显著，是深圳市唯一的海洋金融服务业突破百亿元规模的区域，集聚国家开发银行深圳分行、中国进出口银行深圳分行等专业化涉海龙头金融机构，为全市海洋基础设施建设、海洋产业发展等提供大量资金支持。在海洋专业服务业领域，福田区拥有深圳国际仲裁院、粤港澳大湾区国际仲裁中心、河套国际商事调解中心、中国（南方）知识产权运营中心等专业服务机构，可为福田区培育海洋专业服务业提供重要支撑。

重点项目建设稳步推进。海洋生态方面，高标准推进红树林博物馆建设，打造面向公众的红树林湿地科普宣传教育和培训基地；加快推进深圳福田红树林保护区生态系统修复工作，完善海洋生态环境。海洋生物医药方面，推进福田生物医药创新研发中心（二期）、国际生物创新与转化中心等建设，可为海洋生物医药研发提供支撑。海洋渔业方面，依托龙头企业联成远洋渔业，推进密克罗尼西亚远洋渔业基地建设，挖掘密克罗尼西亚联邦的金枪鱼资源优势，打造集养殖、冷冻、贸易、转运等系列高增值服务环节于一体的金枪鱼产业链，构建我国在南太平洋地区远洋渔业发展的重要战略支点；谋划建设国际海渔博览馆，打造集休闲、观光、科普、展示于一体的海洋渔业科普培训中心。

海洋载体加快建设。截至2022年底，依托区内重点涉海企业，福田区建成市级以上海洋创新载体3个，分别为深圳市海上风电智慧运维工程技术研究中心（市级）、深圳市核电厂近海安全重点实验室（市级）、广东省海洋监测与观测工程技术研究中心（省级），涵盖海上风电、海洋核能、海洋监测观测等重点发展领域，在海上风电智慧运维技术及装备研发、海洋监测与观测技术和产品创新等领域积累了较强的技术基础和经验。

三、宝安区

宝安区重点围绕滨海旅游业、海洋能源与矿产、海洋工程与装备、海洋电子信息业等发展方向，推动宝安区电子信息陆海融合、海洋渔业转型升级、海洋交通运输转型提升、滨海旅游优质品牌打造、涉海主体提质增量、海洋科技实力提升、海洋高端展会招引，推动宝安海洋经济高质量发展。

（1）培育发展壮大海洋产业

2022年10月，印发《宝安区关于落实〈深圳市人民政府关于发展壮大战略性新兴产业集群和培育发展未来产业的意见〉工作方案的通知》，海洋产业作为"17+2"战略性新兴产业集群之一纳入其中。基本形成"一轴四廊五核多节点"的滨海发展格局，向湾格局全面优化，向海空间进一步打开。在产业规划方面，重点发展"1+2+3"蓝色产业体系，"一核心"是海洋电子信息与大数据，"二重点"是海洋高端智能核心设备和海洋专业服务，"三未来"是海洋新能源、海洋新材料、深海资源开发。

（2）推进宝安海洋产业示范园建设

2022年11月，宝安区政府与特区建发集团在宝安区金港商务大厦签订战略合作框架协议，并举行宝安海洋产业示范园揭牌仪式。双方将在海洋产业空间建设、海洋产业招商、海洋产业培育等领域进行长期战略合作，发挥宝安区政府的产业引导作用和特区建发集团作为国资系统深圳市战略性新兴产业海洋经济产业链分链长单位的作用，在资源配置、政策扶持、产业和空间规划、产业配套、基础设施、人才引进、招商运营、涉海展会等方面加大扶持力度，依托海洋新城和金港商务大厦等宝安空间载体，以海博会和海促会为平台，推动重大涉海项目和资源落地宝安。

（3）涉海重点项目稳步推进

深中通道。深中通道项目是集"桥、岛、隧、水下互通"于一体的跨海集群工程，全长约24千米，计划于2024年建成通车。项目起自广深沿江高速机场互通立交，通过广深沿江高速二期东接机荷高速，向西跨越珠江口，在中山市马鞍岛登陆，与在建的中开高速对接，通过连接线实现在深圳、中山及广州南沙登陆，形成粤港澳大湾区的"黄金三角"。深中通道的桥梁工程长约17.2千米，包括伶仃洋大桥、中山大桥及非通航孔桥等，其中中山大桥已于2022年6月合龙。

宝安滨海廊桥。2022年，宝安滨海廊桥正式开放。滨海廊桥工程项目坐落于深圳城市新中心的前海合作区宝中片区，北起体育场，东联图书馆，南至滨海文化公园，穿越核心商务区，跨越9个地块、空中跨越6条城市主干道，与地铁11

号线、28号线相接,与地铁5号线、规划9号线相邻。滨海廊桥全长2千米,其中主廊全长约1.5千米,支廊约0.5千米,总面积为12.9万平方米,项目构建了流畅、多元、立体的城市公共空间,集合交通、观景、运动、社交等城市功能,串联城市与水岸,将滨海活力延伸至城区绿轴,致力于成为粤港澳大湾区开放、共享、生态的城市公共空间新标杆。

冰雪主题乐园。海昌海洋公园与广州乐漫文化娱乐有限责任公司共同组建合资平台公司,共同建设深圳冰雪主题乐园项目,该项目为海昌海洋公园文旅服务及解决方案业务板块"少儿冰雪中心"产品系列首个项目。项目将以真冰雪游乐为核心亮点,立体组合家庭亲子或潮流打卡的特色业态,集成新概念家庭文化娱乐体验中心,涵盖各类城市商场店、市内独立冰雪馆、主题公园、景区合作店等。

(4)强化政府审批

2022年,宝安区推动办理宝安综合港一期临时钢便桥用海审批、矾石水道航道一期工程用海审批、海洋新城四座钢便桥用海审批等,完成2.402公顷用海确权及325.8628公顷用海划定管理范围线,收缴海域使用金670.487万元。

四、盐田区

盐田海洋资源丰富、海洋生态环境优越、海洋经济基础良好，拥有盐田港集团①、盐田国际等一批航运物流领军企业，形成集仓储、运输、货代、船代、物流、装卸及转运于一体的全链条港口物流运输服务体系，具有向海发展的深厚底蕴和优势条件。区深入落实市委市政府赋予盐田"打造国际航运枢纽和离岸贸易中心"的战略定位，在科学把握盐田发展优势条件的基础上，提出打造全球海洋中心城市核心区。

(1) 加强海域规划空间引领

推进《盐田港后方陆域地区》法定图则修编，聚焦于港产城融合，梳理与整合片区内各类规划，助力盐田临港产业带规划建设。完成《盐田新中心城市设计研究》编制工作，规划打造彰显魅力的盐田新中心。开展盐田全域国际海洋城空间规划纲要、盐田综合保税区高质量发展空间规划研究，聚焦于海洋发展要素，积极推进盐田全域国际海洋城建设，为深圳市建设全球海洋中心城市贡献"盐田方案"，探索综合保税区成为盐田参与国际经济治理试验田的实施路径。

(2) 政策规划体系逐步完善

印发《盐田区创建全球海洋中心城市核心区实施方案(2022—2025年)》，提出"到2025年，形成千亿元级产值海洋产业集群"的战略目标，系统推出50条"干货"政策，包括建设国际航运枢纽、打造海洋新兴产业高地、打造世界

---

① 现已更名为深圳港集团有限公司。

级滨海旅游消费目的地和国际海洋文化交流合作先锋地等措施。编印《盐田区培育发展海洋产业集群行动计划（2022—2025年）》，制定"六个一"工作体系，谋划五大类共113个项目，总投资额近千亿元，形成重点项目表、任务分解表，倒排工期、挂图作战，确保各项任务落地落实。持续优化后方陆域整体空间布局，对产业、交通、空间、环境等进行整合，谋划盐田临港产业带规划建设，完成《盐田港口经济带统筹实施方案》课题研究，系统重构港口生态圈。联合盐田港集团、万科集团等企业，推动港口经济带平台运营公司加快成立，进一步促进港产城融合发展。出台《盐田区构建现代产业体系促进经济高质量发展扶持办法》，在航运物流引领海洋经济产业发展方面推出奖励政策。

（3）加快布局产业发展新业态

加快培育"保税+"业态。盐田综保区等片区整体纳入广东自贸区联动发展区，综保区二期封关运作，全国率先实现"港—区—城"联动免预约全天候全链条运作，进出口总额突破千亿元大关。国际船舶保税LNG完成首船加注，盐田港成为全球第四个实现LNG加注的枢纽港，中石油、中石化、中海油、中船燃、国家管网"五巨头"加注业务注册落户盐田，全年保税燃油完成加注25.1万吨、增长11倍，LNG加注突破8000吨。跨境电商运营中心、查验中心和产业园建成启用，"9610""1210"等通关模式全面实现，美国跨境电商巨头新蛋公司落户盐田。

逐步构建海洋科技创新高地。2022年，新引进规模以上企业6家，新引进培育国家高新技术企业6家。南开大学深圳研究院发挥人才聚集、创新发展等效能，获批国家自然科学基金依托单位。华大智造成功上市，成为盐田区本土培育的首家高端医疗器械科创板上市企业。华大生命科学研究院联合多家机构发布全球首批生命时空图谱，华大基因学院获评全国首批科普教育基地。华大基因中心项目完成重点产业项目遴选和土地招拍挂，打造基因科技创新策源地。大百汇生命健康产业园被评定为首个"深圳市细胞与基因产业链专业园区"，辖区大健康、细胞与基因产业持续壮大。

推动氢能产业加速发展。制定《盐田区加快打造氢能产业创新发展高地行动计划（2022—2025年）》，抢抓氢能产业发展先机，培育绿色经济增长新动能，谋划构建以盐田港区多场景应用示范为引领、产业创新发展的粤港澳大湾区氢能高地。深圳市首个氢能产业园正式揭牌，氢蓝科技、智氢实业等多家氢能企业注册落户盐田，与中广核等龙头企业筹设20亿元规模的"湾区零碳科技产业基金"，完成大湾区综合能源站选址，推进盐田区首个加氢站建设。

保障产业空间供应。完成盐田港东作业区一期工程项目北地块土地出让前期工作，待盐田港集团①完成历史围填海处置工作后按程序挂牌。完成原华大基因中心用地挂牌出让。

---

① 现已更名为深圳港集团有限公司。

完成深圳市第二批优质产业空间试点盐田项目用地挂牌出让。持续推进安科讯产业用地提容，促进产业用地节约集约利用。完成小梅沙海洋馆配套用房、盐田港东作业区集装箱码头一期工程等项目相关规划手续，推进深国际鹏深智慧保税物流园、普洛斯三期物流园等项目建设。

（4）重大项目驱动引领海洋事业发展

持续完善海洋基础设施。完成盐田港航道拓宽工程，公共航道、锚地功能全面提升。盐田国际码头船舶岸电五期项目完成竣工验收并逐步恢复接驳，助力海上天然气加注港建设。"莞盐组合港"、"盐田—江门海铁联运"班列、"东莞—盐田—香港"海铁联运快线等正式运营，盐田国际新增12条航线。盐田港冷链服务仓、有信达万纬物流园、普洛斯三期物流园陆续投入使用，盐港东立交建成通车，拖车服务中心一期完成主体建设，东港区一期主体工程开工建设，平盐铁路电气化改造正式启动，盐田港加快迈向全球领先的现代化港口。

加快推进盐田港区东作业区集装箱码头工程建设。深圳港盐田港区东作业区集装箱码头工程是落实粤港澳大湾区基础设施互联互通规划的关键工程。计划2025年建成使用一期工程，建设20万吨级专业集装箱泊位3个，岸线总长1470米，陆域面积120公顷，年设计吞吐量300万标箱，投资估算109.4亿元，打造智慧港口示范工程。

加快建设海洋体育运动产业基地。盐田区高度重视海洋体育发展，统筹推动"一中心三基地"建设，包括盐田海洋体育（国际）交流中心、海岸赛艇等水上运动国家队训练基地、海洋体育运动产业基地、海洋体育休闲旅游基地。海洋体育运动产业基地成效初显，建立华南地区知名的海洋体育产业展会，连续举办八届全国最大的船艇及水上运动设备展、深圳文博会海洋分会场，成为国内外海洋体育产业重要交流平台。

推动国际海事研究院高水平运营。以立足深圳、服务湾区的定位，推动国际海事研究院在海事战略政策、海事国际规则、海事物流市场、海事服务发展、海事科技应用、海事环境安全等方面深入研究，加快建设成为支撑深圳全球海洋中心城市建设、粤港澳大湾区国际海事一体化发展的重点国际海事领域政府智库机构。

推动海洋资源集约节约利用。坚持"节约优先、保护优先"方针，推进海洋资源高效配置和合理利用，盐田区成功入选全国首批自然资源节约集约示范县（市），为深圳市唯一的海洋资源节约集约示范区。与深圳交易集团合资，挂牌成立深圳市海洋资源交易中心，谋划建立统一进场、统一交易、统一监管的海洋资源交易规则和交易系统，构建以深圳为核心的全国海洋资源交易平台，提高海洋资源利用效率和海洋综合管理水平，规范促进海洋经济可持续发展。

五、大鹏新区

2022年，大鹏新区推动并基本完成无证海水养殖清退，积极推动深圳海洋博物馆、深圳海洋大学、深海科考中心等一大批重点涉海项目开展前期规划研究，稳步推进大鹏湾国家级海洋牧场示范区建设，申请大鹏新区海岸带保护与利用综合示范区建设验收，各项涉海工作稳步推进。

（1）强化海洋规划引领作用

提升战略性新兴产业发展能级，构建彰显特色、蓝绿交融的现代化高端产业体系。2022年10月，出台《大鹏新区关于发展壮大战略性新兴产业集群和培育发展未来产业的行动方案（2022—2025年）》，提出重点发展"4+3+N"产业集群，构筑具有大鹏特色的战略性新兴产业和未来产业体系。其中，"4"为生物医药、大健康、海洋产业、新能源等四大战略性新兴产业集群；"3"为细胞与基因、合成生物、深地深海等三大未来产业集群；"N"为空天技术、现代时尚、半导体与集成电路、高端医疗器械等特色产业集群。推动深圳市发展和改革委编制完成《深圳龙岐国际生态度假湾发展规划（2022—2035年）》并报送市府办审议；开展环龙岐湾片区高质量发展路径研究工作；制定并发布《大鹏新区近岸海域水质提升暨"美丽海湾"建设实施方案（2022—2025年）》，规划近期实现海湾环境质量持续提升，建立"绿水青山就是金山银山"的海湾范式,远期全面实现大鹏辖区海湾分类分级管理,实现海湾生态系统的全面修复,建成全国高质量"美丽海湾"示范标杆。

(2)加快构建国土空间规划体系

深化完善大鹏新区国土空间分区规划研究。从全区层面在发展思路、发展定位、空间格局以及空间资源配置等方面明确大鹏新区未来发展的空间框架,统筹三区三线划定,构建"三城三湾一区"城市陆海开发格局,形成分区规划阶段性成果。

加快推进重点片区规划研究。采用标准单元管控方式对葵涌中心区人口、规划容积率等指标进行重新审视,完成片区图则修编工作;结合环龙歧湾片区丰富的自然、产业、旅游、服务要素,对片区总体布局、生态廊道、交通组织、空间衔接等重点领域进行统筹研究,完成环龙岐湾片区概念规划研究;启动溪涌地区、新大—东山地区、龙岐—水头地区的法定图则修编,保障片区规划建设。强化片区特色建筑风貌管控,通过落实各片区法定图则文本中对片区城市设计定位及原则要求、相关城市设计研究成果、重点地区项目方案招标,加强各片区建筑风貌管控,对建筑立面颜色和选材等,在全市和新区范围内梳理一批契合大鹏新区实际情况的正面和负面案例清单,形成各单位在项目规划设计环节的参考和指引。

保障向海发展空间。启动新区海域及岸线整体保护利用规划方案编制,制定海域、海岸线、土地利用方案,保障深港游船口岸、海上交通设施等重点设施建设。加快完成渔排清退工作，制定渔排清退工作方案，成立渔排清退工作领导小组，完成全部218户养殖业主100%签约及腾空移交，涉及清退面积163公顷，腾挪更多向海发展空间，为深圳构建现代海洋产业体系拓展蓝色发展空间。

（3）引进优质海洋企业及项目

2022年，大鹏新区共引进14家涉海企业，组织招商活动8次，举办2022年坝光片区集中签约入驻仪式等推介活动，赴青海、广西、上海进行招商考察活动。成功举办2022深圳市大鹏新区全球招商大会，签约30个重点项目，涉及投资总额超500亿元。

（4）海洋领域企业扶持力度提升

2022年，大鹏新区科技创新和产业发展专项资金扶持海洋领域企业和科研机构共411.06万元。其中，扶持广东海洋大学深圳研究院9个项目，共302.5万元，扶持深圳市兆凯生物工程研发中心有限公司、深圳华大海洋科技有限公司、中国水产科学研究院南海水产研究所深圳试验基地、深圳市深博泰生物科技有限公司、深圳华大三生园科技有限公司各1个项目，扶持金额分别为25万元、30万元、20万元、20万元、13.56万元。

（5）涉海重点项目稳步推进

中国交建深圳大鹏国际海洋旅游度假区。2022年，大鹏新区与中交海洋投资控股有限公司签署合作协议，共同打造中国交建深圳大鹏国际海洋旅游度假区,以大鹏新区全域文旅产业发展为核心,重点打造体育、旅游、度假产业,并完善码头、公园、道路、市政等相关基础设施配套建设。其中,以环龙岐湾为启动区,加快建设国家级水上(海上)国民休闲运动中心。

深圳海洋博物馆、深圳海洋大学、深海科考中心一体化建设。推动深圳海洋博物馆、深圳海洋大学、深海科考中心一体化规划建设,以"深海科考中心+海洋大学"双龙头牵引,壮大海洋科技创新主体实力,促进重大基础研究成果转化与产业化。建设项目初步明确落户区域,稳步推进规划建设工作。

大鹏湾国家级海洋牧场示范区。推动大鹏湾国家级海洋牧场示范区建设,示范区经过海域使用论证、环评等前期环节,完成海洋牧场人工鱼礁礁体预制并取得用海批复。谋划建设大湾区国际渔业(金枪鱼)交易体验中心,拟以建设"大湾区国际渔业(金枪鱼)交易中心"为旗帜,打造涵盖海洋渔业交易、海洋食品创制、海洋新兴科技等功能业态的国际海洋产业集群。

深圳市现代渔业(种业)创新园。园区计划选址于龙岐湾新大养殖片区,项目一期规划用地面积24公顷,建筑面积36万平方米,内设科研实验区、育种养殖区、种植资源区、渔业企业创新区、水生野生动物救护区,拟以渔业种业工程为主导,聚焦于遗传育种技术、苗种生产技术、水产养殖技术和活性物质提取技术，布局渔业种业工程中心、水生野生动物救护中心和智慧渔业中心，打造大湾区海洋渔业科研创新示范基地。

（6）重点项目落地得到保障

完成深圳海洋博物馆、深圳天然气储备与调峰库二期、国家管网深圳LNG应急调峰站建设规模变更等相关规划用地工作。加快用海审批，完成东部海堤月亮湾段、南澳渔港、南海水产所深圳基地批复，以及南澳口岸、赖氏洲岛、海洋牧场等新建项目用海上报工作。华安石油气码头变更、沙鱼涌码头获市府批准，对沙鱼涌沙滩等"5+1"沙滩、较场尾临时靠泊点、溪涌沙滩、玫瑰海岸沙滩、浪骑游艇会、海上运动基地变更等提前介入主动服务。

六、前海合作区

2022年，前海合作区围绕《全面深化前海深港现代服务业合作区改革开放方案》提出的"集聚国际海洋创新机构，大力发展海洋科技，加快建设现代海洋服务业集聚区，打造以海洋高端智能设备、海洋工程装备、海洋电子信息（大数据）、海洋新能源、海洋生态环保等为主的海洋科技创新高地"任务要求，聚焦于政策体系、重大项目和科技研发及成果转化开展相关工作。

（1）完善海洋领域规划体系

编制完成《前海深港现代服务业合作区建设全球海洋中

心城市核心区行动计划（2022—2025年）》，该行动计划从共建国际高端航运服务中心、建设现代海洋服务业集聚区、打造海洋科技创新高地、创建世界级活力海岸带和勇当全球海洋治理标兵五个方面，提出24项具体任务，形成25个重大项目。相关内容已纳入《深圳市全球海洋中心城市建设行动计划（2022—2025年）》《深圳市海洋发展规划（2022—2035年）（征求意见稿）》和《全面深化前海合作区改革开放方案重点任务》。

在涉海重点片区规划方面，《海洋新城控制性详细规划》成果完成公示。空间结构方面，利用填海造地形成的水道，构建"一心一湾"总体格局。"一心"即中部与国际会展中心北侧用地联动发展，打造城市服务极核+湾区公共服务极核；"一湾"则利用码头和南侧港池，打造滨海休闲湾。产业发展方面，支撑全球海洋中心城市建设，重点保障海洋高附加值服务业发展空间，优先发展海洋新兴产业、海洋战略性前沿产业、海洋高端服务业等现代海洋产业，发展科技服务业和专业服务业，打造世界级海洋电子信息产业基地、国家级海洋新兴产业引领示范区、国际化海洋交流门户。

（2）稳步推进航运领域改革

深圳航运改革取得重大阶段性进展。深圳海事局与前海管理局、市交通运输局等部门形成合力，围绕坚持安全发展、绿色发展、创新驱动、智慧引领和加强组织保障等方面，提出16项支持航运改革的具体举措。推动交通运输部出台《支持全面深化前海深港现代服务业合作区改革开放的意见》，支持深圳建设海上安全示范区、助力现代航运业创新发展、提升服务便利化水平、深化与港澳海事合作等，推动国际船舶登记、国际船舶检验、境外船员便利化执业、深港航运合作及港澳游艇出入境管理等领域形成创新亮点，建设高水平对外开放门户枢纽。

推动前海船舶租赁业务实现"破冰"。研究形成LNG贸易企业、航运物流企业、融资租赁企业三张清单，招引中广核租赁、广州碧海、正力海工、瓯洋海工、中船租赁、新奥能源、中燃集团等多家知名企业，制定工作方案，明确任务书和时间表，组建前海船舶租赁发展专班，共有9艘船舶已落户或意向落户前海。与中广核租赁、广州碧海合作，已落地1艘造价9.8亿元的"夏天碧海"号海上风电船船舶租赁业务；与正力海工、深圳航运基金合作，推动1艘造价11.6亿元的海上风电船舶在前海开展船舶租赁业务；与中船租赁、新奥能源、中燃集团合作，推动5艘LNG船舶落户，跨境船舶税收政策等壁垒有待突破。

（3）加快推进海洋立法工作

推动前海海事法律服务发展。2022年6月，前海检察院集中办理全市基层院管辖的涉海洋公益诉讼案件，并探索涉海洋行政违法行为监督，构建海洋检察体系，探索推进海洋检察业务创新发展。7月，前海管理局与深圳市检察院举行海洋生态环境与自然资源保护机制等三项合作协议签署仪式，携手加强协同，强化黄金内湾海洋良好生态，为深圳建设全球海洋中心城市提供有力支撑。11月，前海管理局与深圳国际仲裁院联合举办"深港海事仲裁高峰论坛"，深化两地仲裁合作，助推海洋经济发展，双方将充分发挥香港海事仲裁先发优势，探索境外知名仲裁机构在前海等地区开展海事仲裁业务，合力打造面向全球的海事争议解决高地，维护中国航运企业合法权益；同月，举办全球海洋中心城市建设法治论坛暨粤港澳大湾区海洋法治论坛，并与广州海事法院、深圳国际仲裁院签署战略合作框架协议，三方将围绕前海海洋法治建设开展合作，深化在海事海商争议解决服务领域的合作，共同打造海事法律服务中心，提升粤港澳大湾区海事海商法律服务软环境。

（4）涉海重点项目稳步推进

国家远洋渔业基地。深圳国家远洋渔业基地建设采用集装箱码头兼容靠泊远洋渔船，布局"二级五类"功能板块，即基本功能和延伸功能，涵盖港区作业、加工物流、海洋科技研发、交易展示、文化旅游五类功能。采用"一基地两港区"的建设模式，其中大铲湾港区建成中国现代远洋渔业的先行示范区，建设部署国际金枪鱼交易中心，打造湾区都市渔业休闲体验胜地，塑造绿色开放活力的西部海岸带。深圳市大铲湾港口投资发展有限公司按步推进前期基地各项研究、评价编制工作，陆续完成21项前期研究招投标、合同签订工作。

大铲湾港区建设。2022年7月,宝安区与盐田港集团①签订战略合作协议,携手推动大铲湾港区发展水平和功能向更高能级跃升,打造深圳建设全球海洋中心城市的重要支点。深圳市规划和自然资源局宝安管理局推进国家远洋渔业基地大铲湾港区项目用海、用地工作,完成填海验收见证测量及专家评审、用地用海预审,已于2023年3月完成填海竣工海域使用验收,并将推动用地手续报批工作。

深圳市海洋新兴产业基地(海洋新城)。海洋新城重点发展战略性海洋新兴产业,是深圳落实国家海洋强国战略、建设全球海洋中心城市、承载国际海洋产业合作发展的重要空间载体,项目规划面积6.86平方千米,规划总建筑面积850万平方米,总投资预计约1800亿元。《海洋新城控制性详细规划》形成稳定成果并完成公示,计划将海洋新城建设成为深圳参与全球蓝色经济竞合的世界节点、向湾集聚发展的"全球海洋中心城市先锋范例"。

粤港澳大湾区保险服务中心。深圳市政府与香港财库局分别致函中国银行保险监督管理委员会,推动在前海设立粤港澳大湾区保险服务中心,探索推动保险市场互联互通,稳步扩宽业务范围,吸引船运保险营运、公估、海损理算等机构入驻。同时,中国银行保险监督管理委员会正研究出台相关试点工作方案。

蛇口国际海洋城。编制完成《蛇口国际海洋城综合发展

---

① 现已更名为深圳港集团有限公司。

规划纲要》，提出构建"3+4+X"产业体系，即发展海洋交通运输、海洋油气开发、海洋文化旅游三个优势产业，重点培养海洋高端装备、海洋电子信息、邮轮经济、海洋高端服务四个核心产业，适当布局海洋前沿技术，加大技术储备，规划打造"一带、两谷、四湾、多点"的空间布局结构。

全球海洋智库。与香港理工大学董浩云国际海事研究中心、大连海事大学航运发展研究院就机构设置、专家配备、空间匹配等问题进行磋商，推动联合设立深圳国际海事可持续发展中心。中心计划围绕海事治理、海洋权益保护、航运经济等开展研究咨询，发挥涉海智库咨政建言、人才培养和参与国际海事治理等作用，力争建设成为全球知名海洋智库。

（5）加快海洋项目招引落地

2022年8月，中集集团与前海金控、盐田港集团共同出资在前海设立中集海洋科技集团，在海洋科技产业发展、总部经济、冷链科技、新能源、智慧物流、智慧城市、高新技术研发等领域展开合作，推动多家涉海机构企业落户前海并运营。协助大铲湾蓝色未来科技园招商引资工作，推动青岛海检集团签约入驻。

（6）加大海洋领域企业扶持力度

印发《深圳市前海深港现代服务业合作区管理局促进商贸物流业高质量发展办法》，其中涉及航运条款9条，实际发放扶持资金450万元，对船舶管理、邮轮、游艇等业态提供发展支持。出台《深圳市前海深港现代服务业合作区管理局支持科技创新实施办法（试行）》（以下简称《办法》），《办法》集聚海洋科技资源打造海洋科技创新高地，有针对性地提出了三条措施。支持引进重点海洋企业，根据营业收入及利润总额予以最高200万元落户支持；支持引进高端海洋科研机构，对国内外知名海洋科研单位在前海设立分支机构并拥有5名专家组成的常驻研究团队，且科技研发投入不少于1000万元的，给予一次性200万元的支持；鼓励企业加大海洋科技研发投入，对上一年度科技研发投入达到1000万元以上的海洋科技企业，按照研发投入的3%，予以最高50万元的支持。

七、深汕特别合作区

深汕特别合作区空间资源丰富，具有发展海洋经济的良好基础。相比深圳市区不到2000平方千米的陆域面积（可建设用地面积1100平方千米，已接近开发极限）和1145平方千米的海域面积，深汕特别合作区陆域资源、海域资源和海岛资源相对丰富，具有承接大项目的基础优势。

（1）完善海洋规划研究体系

编制《深圳市深汕特别合作区海域规划研究报告》，完成深汕特别合作区海域规划研究工作。在《深圳市深汕特别合作区国土空间总体规划》基础上，启动深汕海域规划研究，主要内容包括测算大陆自然岸线保有率、划定海洋功能分区、明确海域利用分类等，为深汕海域开发和规划利用提供依据，全面提高深圳市深汕特别合作区国土空间规划（海洋部分）

科学性，切实维护总体规划的严肃性和权威性。

启动深汕海洋经济发展规划研究工作。在调查掌握深汕海洋经济发展现状的基础上，分析深汕海洋经济发展面临的机遇与挑战，明确深汕海洋经济发展的指导思想、基本原则、战略定位、发展目标，结合专题研究，提出深汕海洋经济发展的基本思路、发展路径、举措策略、重点任务、重点项目及保障措施，开展推动深汕海洋经济高质量发展相关规划编制和评估工作，科学制定深汕海洋经济发展规划，推动深汕海洋经济高质量发展。

（2）开展深汕海洋资源摸底调查

调查深汕26个无居民海岛（含江牡岛）自然、人文地理环境、资源本底、开发利用现状、整治修复等情况，探明合作区海岛资源开发现状；开展深汕海岸带自然资源摸底调查，主要包括海岸地形地貌调查，海岸带沙滩宽度、沙滩砂质特征以及岸滩分布情况调查，海岸带构筑物分布调查，海岸带开发利用情况（如码头、海堤等）调查等。

（3）推进围填海历史遗留问题处置及新修测海岸线与原有海岸线之间（"两线之间"）区域管控

推进围填海历史遗留问题处置，完成《深圳市深汕特别合作区围填海历史遗留问题处理方案》《深圳市深汕特别合作区围填海历史遗留问题生态评估报告》《深圳市深汕特别合作区围填海历史遗留问题生态保护修复方案》编制。完成"两线之间"图斑划定，编制"两线之间"区域图斑核查情况报告、图斑清单及图斑矢量数据并报送,开展补划类"未批先填"及"未批围而未填"图斑的生态评估报告及生态修复方案编制工作。

(4) 涉海重点项目顺利推进

小漠国际物流港(一期)。小漠港位于深汕特别合作区小漠镇大澳村,港口运营公司为深圳市深汕港口运营有限公司。全年完成散件杂货吞吐量52.46万吨,集装箱吞吐量83768 TEU,到港船舶369艘次,以驳船为主(292艘次),散货船54艘次,件杂货船21艘次,滚装船2艘次,最大到港船型为5万吨级散货船。

推进鲘门、小漠渔港升级改造工程项目。鲘门、小漠渔港升级改造工程位于深汕特别合作区鲘门镇、小漠镇,主要建设内容包括疏浚工程、码头修缮、岸堤修缮、通信管线迁改、外立面整治及道路提升等。该项目于2022年2月完成立项批复,项目总投资匡算10061.75万元。

第四章

海洋科技——嵌入全球海洋科创网络

第一节　推动海洋科技创新能力提升

一、海洋科技创新影响力显著增强

深圳持续加大海洋领域科技创新投入，创新效益不断显现，产出成果丰硕。南方科技大学参与项目"2022年参与'冰上丝绸之路'联合科考与发现"、招商局重工（深圳）有限公司参与项目"100米级水深超软复杂地层关键钻井技术装备及工业化"、广东海洋大学深圳研究院参与项目"珊瑚繁养关键技术研究及其在生态修复中的应用"获得2022年度国家海洋科学技术奖。中海石油有限公司深圳分公司参与项目"深海油气水下装备安全高效作业关键技术及应用"、亚太卫星宽带通信（深圳）有限公司参与项目"基于北斗的大型船队调度与安全监控系统"、深圳招商迅隆船务有限公司参与项目"绿色生态高端旅游观光船关键技术研究与工程应用"、深圳中集智能科技有限公司参与项目"集装箱二维码关键技术研究与共享模式创新"、深圳市深蓝信息科技开发有限公司参与项目"航标运行保障系统"获得2022年度中国航海科技奖。清华大学深圳国际研究生院"新一代智能海底观测网的理论与基础方法研究""浮游生物原位成像及智能识别技术"项目获得 2022 年度深圳市科学技术奖。深圳海油工程水下技术有限公司项目"深水海洋油气设施调试装备研发与应用"、中海石油（中国）有限公司深圳分公司项目"珠江口盆地陆丰凹陷多层系立体勘探理论技术创新与油气重大发现"、中广核工程有限公司项目"百万千瓦级商运核电站乏燃料水池密集贮存关键技术及应用"、中国科学院深圳先进技术研究院项目"星空海一体化海洋生态环境监测技术集成创新与应用"获得 2022 年度深圳市科技进步奖。

二、海洋关键领域技术取得重要进展

依托深圳科研院所、企业，在海洋电子信息、海洋工程装备、海洋新材料、海洋生物等领域突破部分"卡脖子"的海洋关键技术。深圳大学谢和平院士团队"全新原理实现海水直接电解制氢"入选 2022 年度中国科学十大进展。通过将分子扩散、界面相平衡等物理力学过程与电化学反应结合，开创了海水原位直接电解制氢全新原理与技术，建立了气液界面相变自迁移自驱动的海水直接电解制氢理论方法，形成了界面压力差海水自发相变传质的力学驱动机制，实现了无额外能耗的电化学反应协同海水迁移的动态自调节稳定海水直接电解制氢，为解决该领域长期困扰科技界和产业界的技术难题奠定了基础。

三、积极推动重大海洋科技项目

前海管理局与中集集团签订战略合作协议,支持中集海工的碳捕捉与封存利用及海上风电制氢项目、招商重工的超大型深远海多功能巡航救助船和大型浮式生产储卸装置开发工程、赤湾通信的卫星通信高端装备制造中心及卫星应用技术全球研发中心项目顺利开展。

第二节 完善科技创新重大基础设施

一、推进深圳海洋大学和深海科考中心一体化建设

根据深圳市委市政府指示精神,明确以"深海科考中心+海洋大学"双龙头牵引,壮大海洋科技创新主体实力,承接国家重大战略任务,促进重大基础研究成果转化与产业化,形成国家级深海科研能力。优化配置学科资源与科技创新资源,探索建立人才双聘,码头、大型仪器设备、数据共享机制,联合开展科学实验、技术研发等,合作打造深海科技中心。海洋大学依托优势学科建设,可在海洋电子信息、高技术船舶设计制造、海洋工程装备等"卡脖子"环节开展核心技术攻关;深海科考中心为前沿技术提供应用场景,借助于科考船、深潜器等海洋科考装备,技术装备得以进入深海进行测试、验证与应用,实现科教深度融合。

二、海洋综合试验场稳步推进

海洋综合试验场是服务海洋科学技术研究和成果转化必需的创新类新型基础设施，为充分体现深圳现代海洋产业试验场作为公共服务平台和新型基础设施兼具经济效益和社会效益的功能属性，初步设想以"一场三园"的建设模式，集成海洋产业成果转化/育成、产品综合性能测试评估、海洋设备检验认证等产业配套服务功能，提升深圳市海洋科技服务能级。

三、海洋科创平台建设步伐加快

中集集电在深圳设立先进绿氢研究院，与烟台海工研究院完成海上风电制氢联合立项，中集集电正协同中集自有研发能力，研发适用于海上固定式及全漂浮式制氢装备及成套系统。推进深圳海洋大学前海基地落户相关事宜，海洋大学海洋科技成果转化中心、创新融合发展中心、国际海洋科学与治理研究院（暂定）等计划布局在前海基地。宝安区政府、中国海洋大学、盐田港集团签署协议积极推动中国海洋大学深圳研究落地，将充分发挥学校涉海学科综合优势，进一步深化双方在海洋科技创新、产业发展、人才培养等领域的务实合作，助力深圳经济社会高质量发展。海洋生态与人因测评技术创新中心于 2022 年 8 月获国家自然资源部批准建设，是广东省首个获得批准建设的自然资源部海洋类工程技术创新平台。创新中心以中山大学深圳研究院为依托单位，由清华大学深圳国际研究生院、深圳人因工程技术研究院、深圳东海浪潮科技有限公司联合共建。

四、海洋科技创新载体逐步健全

构建"企业+科研机构+高校"的海洋创新体系。深圳鼓励电子信息产业等各类优势创新主体向海发展，支持海洋电子信息、海洋工程装备等平台载体建设，已初步建立起以产业为导向、以企业为主体、市场主导、政府引导、开放合作的海洋科技创新载体体系。截至2022年底，共有涉海创新载体74个。其中，国家级载体4个、省级载体22个、市级载体48个，基本涵盖海洋电子信息、海洋工程装备、海洋能源、海洋生物、海洋资源勘探、深海技术等海洋重点领域，见图4-1。

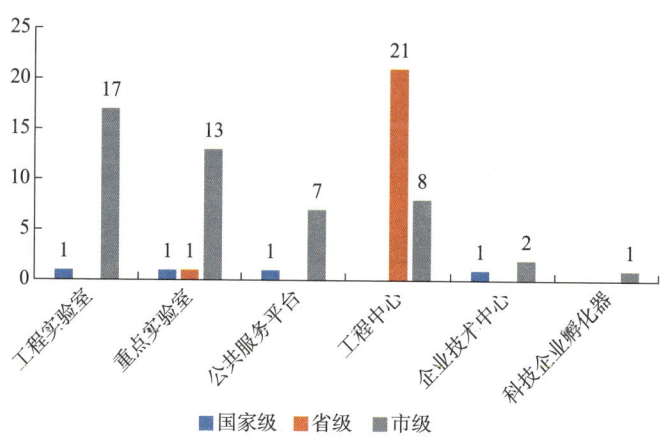

图4-1 海洋创新载体级别分布情况

资料来源：课题组根据深圳市科技创新委员会提供的资料整理。

第三节　强化海洋科技资金导向作用

一、海洋科技创新专项资金逐步完善

支持涉海基础研究和技术攻关，加快培育未来产业。2022年，深圳市科创委在海洋电子信息、海洋工程装备、海洋生物医药、海洋新能源等海洋重点领域立项涉海项目90项，资助金额8901.95万元。

实施战略性新兴产业扶持计划，促进海工装备产业发展。深圳市工业和信息化局积极组织实施新兴产业扶持计划，支持在海洋工程装备领域，为开拓国内外市场，保障其技术、产品及服务符合不同国家和地区的上市要求，获得各类市场准入注册、认证和许可的项目。2022年，资助10个涉海项目，资助金额共计705万元。

二、加大海洋科技创新扶持力度

深圳市规划和自然资源局研究制定《深圳市促进海洋经济高质量发展的若干措施》。梳理深圳市及国内外涉海科技产业扶持政策共计400余条，为深圳市涉海科技产业扶持政策的研究制定和海洋企业建设工作奠定基础。围绕产业高端资源集聚、海洋企业发展壮大、陆海优势产业融合等方面提出

精准化举措,为深圳市海洋经济高质量发展提供政策支撑。

推出首台(套)重大技术装备推广应用指导目录。在2021年出台的《深圳市工业和信息化专项资金"三首"工程扶持计划操作规程》基础上,市工业和信息化局于2022年12月发布《深圳市首台(套)重大技术装备推广应用指导目录(2022年版)》,包括船舶除锈机器人成套装备、高分辨率三维声学取样系统等海洋高端装备,支持提升深圳市海洋高端装备供给能力和产品创新力度。

第四节 着力提升海洋科研教育水平

一、海洋基础科研成果产出增加

清华大学深圳国际研究生院。清华大学深圳国际研究生院以海洋科学为基础、海洋技术为支撑,应用方面主攻深海工程、滨海工程、海洋生态环境三个方向,建设学科高度交叉的一流海洋学科领域。加强与国内外一流科研机构、企业等紧密合作,促进科学技术与工程深度融合,强化"政产学研用"协同创新,注重技术创新与成果转化。2022年,在 *Nature Communications* 发文显示全球深渊微生物的分布和生态功能研究领域取得新进展,在 *Mechanical Systems and Signal Processing* 发文显示浮式结构物——海浪耦合模型辨识研究取得新进展,在 Chemical Engineering Journal 发文显示水合物法二氧化碳封存领域取得新进展,在 Marine Structures 上发文显示海上风机自动安装研究领域取得新进展。清华大学深圳国际研究生院牵头的"海洋浮游生物监测传感器的研制及系统优化"项目通过了项目综合绩效评价,项目研制出在近岸高浊度复杂环境中对 40 微米到 5 厘米大小的浮游生物进行有效监测的浮游生物成像仪,自主研发基于神经网络算法的浮游生物智能识别系统,识别准确率大于 93%。

中国科学院深圳先进技术研究院。中国科学院深圳先进技术研究院重点开展新型海洋传感器仪器技术、海工平台技术、水下通信与探测、海洋环境监测与遥感、海底资源勘探、海洋生物和防腐材料等方面研究。2022 年,深圳先进院共有 131 项项目获得国家自然科学基金资助,获批直接经费合计 6929 万元,其中代表性项目有外国资深学者研究基金项目 4 项、优秀青年科学基金项目 4 项、重点项目 2 项、重点国际合作研究项目 1 项等。2022 年,深圳先进院牵头的"十四五"国家重点研发计划"重大自然灾害防控与公共安全"重点专项"全方位综合海洋地震和海啸监测预警系统研制与示范"项目开展实施方案论证。在 International Biodeterioration & Biodegradation 发文显示海洋原位仪器长期静态防生物污损技术取得进展,在 Environmental Pollution 发文显示在近岸海洋酸化研究方面取得进展,在 ICES Journal of Marine Science 发文提出了一种基于对比学习的浮游生物图像识别检索框架,在解决实际海洋数据中的不均衡分布、数据漂移、开集识别问题中展现出了优异性能，在 *Nature Communications* 发文显示扇贝足丝蛋白仿生材料研究领域取得重要研究进展。深圳先进院与澳大利亚联邦科学与工业组织（CAS-CSIRO）合作研究项目"面向蓝色经济支撑的近海水域浮游生物监测新技术与工具研究"，聚焦于研究面向近海水体的高时空分辨率原位监测方法，开发基于智能物联网技术的新型浮游生物监测平台，实现海洋浮游生物及颗粒物观测能力的提升和创新、海洋监测装备的现代化与产品化。

南方科技大学。南方科技大学致力于在重大海洋科学与海洋工程领域开展研究。国家自然科学基金委员会公布了2022年度国家自然科学基金项目评审结果，南方科技大学获各类基金项目资助260项，获批直接经费总额逾1.52亿元，较2021年增加近2000万元。其中，重点项目6项、国家杰出青年科学基金项目5项、国家优秀青年科学基金项目4项、面上项目107项、青年科学基金项目127项、外国学者研究基金项目7项、国际（地区）合作与交流项目4项。同时，南方科技大学加强海洋领域基础研究，在 *PNAS* 发文揭示海沟汞埋藏通量和机制，在《全球和行星变化》发文揭示全球海洋沉积物自生细菌四醚膜脂的来源研究取得突破性进展，在 *Environmental Science & Technology* 发文揭示大气输送是陆地—海洋微塑料的重要传输路径，在 *Journal of Geophysical Research：Oceans* 发文揭示了南海北部陆架环流对以 ENSO（厄尔尼诺—南方涛动）为代表的全球气候变化的响应过程及机制，在近岸陆架海洋环流动力学领域取得重要研究进展。在 Nature Communications 发文首次揭示古菌膜脂生物合成途径的关键基因。在海工领域取得丰硕成果，研制宽频带海底地震仪、新一代 EMC50 Pro 无人机阵列智能海水取样设备、智能环卫/环保水下机器人等海洋新科技成果。

深圳大学。深圳大学拥有广东省植物表观遗传学重点实验室、广东省海洋藻类生物工程技术研究中心、深圳市海洋生物资源与生态环境重点实验室、深圳市微生物基因工程重点实验室、深圳大学红树林湿地研究所、深圳大学植物生物技术研究所、人工智能与数字经济广东省实验室等一批科研平台。2022 年，由谢和平院士领衔、深圳大学与四川大学团队自主研制的深海沉积物（天然气水合物）保温保压取样装备海试成功，实现了国际上首次获得保温保压的深海沉积物（天然气水合物）原位保真样本。深圳大学牵头的国家重点研发计划"海洋环境安全保障与岛礁可持续发展"重点专项"海上遇险目标立体搜寻与高清晰观测关键技术"项目顺利开展实施方案论证。在 Nature 发文显示首次从物理力学与电化学相结合的思路，建立了相变迁移驱动的海水无淡化原位直接电解制氢全新原理与技术，隔绝海水离子同时实现无淡化过程、无副反应、无额外能耗的高效海水原位直接电解制氢技术突破，破解了海水直接电解制氢难题。

广东海洋大学深圳研究院。广东海洋大学深圳研究院拥有"广东省新型研发机构""广东省水生动物健康评估工程技术研究中心""深圳海水经济动物种苗健康评价公共技术服务平台"等科技创新载体。广东海洋大学深圳研究院作为广东省科普教育基地，举办2022年第三届"9·20全国珊瑚日"活动。为加强社会力量保护珊瑚发起"大鹏湾珊瑚礁修复"公益项目，由广东海洋大学深圳研究院在大鹏湾开展珊瑚礁修复计划，投放20个人工珊瑚礁盘，种植4000株石珊瑚，逐步恢复大鹏湾珊瑚群落生态环境，提高大鹏湾海洋生物多样性。

香港城市大学深圳研究院海洋与人类健康研究中心。在海洋生态科研领域，海洋环境是香港城市大学重点扶持发展的优势研究领域，在香港乃至亚太地区都处于领先水平。香港城市大学深圳研究院海洋与人类健康研究中心（Research Centre for the Oceans and Human Health）是香港城市大学海洋污染国家重点实验室设立于深圳研究院的附属机构，主要研究领域：南中国海传统和新兴污染物的生物地球化学、传统污染物和新兴化学品的海洋生态毒理学、藻华防控技术开发、海产品安全和公众健康。2022年，香港城市大学深圳研究院海洋与人类健康研究中心共发表SCI文章50篇，获得深圳市专项资金项目1项、国家基金委项目1项，获批金额100万元。2022年，中心与广州南沙华农渔业研究院签订了科研合作框架协议，瞄准渔业产业中的实际问题，攻克产业技术瓶颈，促进产业转型升级。

二、海洋人才政策体系优化升级

深圳市持续扶持涉海博士后设站单位发展,并给予设站单位和博士后相应的资金补助。其中,广东海洋大学深圳研究院进站博士后 4 人,深圳市海洋发展研究促进中心(深圳市海洋监测预报中心)进站博士后 1 人。深圳市规划和自然资源局发布《关于开展 2022 年度海洋专业职称评审工作的通知》,标志着深圳海洋专业职称首次评审工作正式启动,为提升国际海洋人才吸引力、集聚力、承载力赋能增效。深圳市智慧海洋科技有限公司设立国内首个智慧海洋奖学金,鼓励高端人才开展海洋事业。

第五章

海洋生态文明——凸显"蓝色文化"城市软实力

第一节　海洋生态环境保护取得新成效

一、完善海洋生态环境保护机制

2022年，深圳首次将"海域污染防治"作为专章纳入《深圳经济特区生态环境保护条例》，推进海洋污染防治法制化。深圳市生态环境局印发《深圳市"十四五"海洋生态环境保护暨珠江口海域综合治理攻坚战实施方案》，作为"十四五"期间海洋生态环境保护的纲领性文件；完成"健全陆海统筹的海洋生态环境保护修复机制"综改事项，基本建立"1个框架意见+10项配套机制"的海洋环境保护体系。大梅沙海滨公园整体生态修复工程荣获"广东省第二届国土空间生态修复十大范例"，积累了丰富的生态保护修复实践经验，有效打造了国土空间生态修复的深圳样板。

加大入海河流污染治理力度。巩固入海河流治理成效，深圳市生态环境局强化河道精细化管理，重点攻坚雨季溢流污染治理。2022年，深圳优良面积比例为52.9%，达到广东省生态环境厅"十四五"期间对深圳市的优良水质目标要求（52.8%）。全市国控入海河流茅洲河共和村水质达Ⅲ类、深圳河河口达Ⅳ类，纳入攻坚战的 8 条主要入海河流水质达到地表水Ⅴ类及以上。将总氮指标纳入 74 条入海河流水质考核，2022 年茅洲河和深圳河总氮浓度相比 2020 年分别下降 17.51%和 11.03%。

推进海水养殖污染治理。加强陆域海水养殖排污口监管，根据《生态环境部、农业农村部关于加强海水养殖生态环境监管的意见》，深圳市生态环境局对已查明的 20 个海水养殖入海排放口开展溯源整治，逐一确认责任主体，形成监管台账，实施"一季一巡一监测"。

深圳首个海岸线占补方案通过专家评审。《深圳市东部海堤重建工程（三期）项目海岸线占补方案》通过专家评审，为深圳市首个海岸线占补方案。该方案从项目用海基本情况、拟占用海岸线基本情况、海岸线及周边海域开发利用现状、海岸线占补要求、岸线占补措施、实施可行性等方面进行分析论述，提出项目海岸线具体占补方案。

海洋生态预警监测逐步完善。深圳市规划和自然资源局开展赤潮关键预警指标因子研究，建立赤潮关键指标因子预警体系，为赤潮预警和应急处置提供科学参考。按照赤潮发生区域等级，对南澳和梅沙重点旅游海域，每月开展赤潮早期预警监测，保障市民亲海安全。2022 年开展 4 起赤潮应急监测，发布 6 期《赤潮快报》，为行政决策提供技术支持。对全市管辖海域52个（含深汕22个）海上监测站位和24个（含深汕9个）潮间带开展浮游生物、底栖生物、潮间带生物等全面调查。深入开展深圳东部海域海藻场生态系统普查，掌握东部海域海藻场分布情况，并对海藻场重点分布区域小梅沙和东—西涌海域开展春、夏两季调查，为后续海藻场生态系统评价、保护管理提供技术资料。

二、加大近岸海域污染监管力度

规范入海排污口监管。根据《国务院办公厅关于加强入河入海排污口监督管理工作的实施意见》，深圳市生态环境局按照最新的分类要求梳理入海排污口，均已纳入备案监管，并开展"一月一巡一监测"，全年未出现水质超标情况。深圳市市场监督管理局印发《入河（海）排放口设置技术规范》，动态更新全市现有526个入海排放口（含雨洪排放口）管理台账。

开展总氮排放削减试点。将全市涉氮重点排污单位纳入重点排污单位监管名录，深圳市生态环境局强化固定污染源总氮排放控制和智慧化监管，加快推行排污许可"一证式"管理。严格控制入海河流集雨区范围内新（改、扩）建的水质净化厂总氮排放量，目前正在提标扩建滨河和福田水质净化厂、新建沙河水质净化厂，建成后出水总氮浓度日均值不超过8毫克/升；14个已建成的水质净化厂出水总氮浓度控制在10毫克/升以下。

加强海洋垃圾清理监管。深圳市生态环境局建立海岸垃圾巡查监督机制，每季度开展一次全市海岸带垃圾摸底调查，每月开展一次海岸带垃圾全覆盖巡查，建立海洋垃圾"巡查—通报—清理—复核"的闭环管理链条。2022年，全市共出动巡查人员1485人次，发现467处垃圾聚集点，清理海洋垃圾157.47吨。开展海底垃圾调查试点，在海湾、渔业养殖区、珊瑚礁区、码头、海水浴场和河口等重点区域布设25个调查潜点，出动水下工作人员245人次，潜水时长达1712分钟，累计调查面积25万平方米，初步摸清海底垃圾聚集重点区域。

加强海洋生态环境协同监管执法。深圳所有养殖排污口执法检查均纳入年度执法工作及"利剑六号"专项执法行动中，实行"双随机执法检查"。2022年以来，深圳共组织出动执法人员6194人次，检查海岸项目及海水养殖项目93个次，检查入海排口390个次，未发现污染和破坏海洋环境的违法行为。开展近岸海域污染防治联合执法行动，多部门联合共同打击非法采砂、倾废等各类海洋环境违法行为。

提升海洋生态环境监管能力。优化全市近岸海域76个陆海联动点位布设，实行海水水质"一月一测一报"。完成深圳市海洋污染基线和生态本底冬季、春季和夏季3个航次的调查。

三、完善海洋生态法律法规体系

深圳市规划和自然资源局编制《深圳市国土空间生态保护修复规划（2021—2035年）》，坚持保护优先、系统修复、综合治理的整体思路，遵循目标导向、问题导向、实施导向相结合的原则，提出湾区协同保护、维育山脊绿脉、护卫蓝色国土、重归清碧水畔、构建生物多样性保护网络、提升城市环境品质等六个方面的主要任务。

港深合作推进海洋生态保护工作。2022年，深港通过港深环保合作专班交换海洋监测数据，核算深港两岸在深圳湾的入海污染物总量，更新深圳湾水质模型，提出应关注香港北部都会区开发建设带来的新增污染排放对深圳湾水质的影响。完善珠江口海域海漂垃圾预警预报合作机制，2022年接收港方海漂垃圾预警8起。推动港方成立包括渔农署和环保署在内的联合工作组，研究深圳湾蚝排废弃物规范处置措施及方案。

四、探索生态产品价值实现机制

探索自然领域生态产品价值实现机制，多渠道深层次搭建"两山"转化路径。深圳是全国生态产品价值实现的试点，2022年深圳深入学习领会习近平生态文明思想，积极践行"两山"理论，统筹推进《深圳市自然资源领域生态产品价值实现机制试点实施方案》实施，全面推进23项试点任务，多项工作取得初步成效。

有序推进福田红树林国家级自然保护区蓝碳交易试点工作。深圳积极抢占国际蓝碳研究前沿领域，选取福田红树林国家级自然保护区作为试点，探索红树林保护碳汇项目开发及价值转化，已完成方法学研究、项目设计、监测等，由深圳市规划和自然资源局牵头开发的《红树林保护碳汇方法学》填补国内空白，是全国首个以保护生物多样性和应对气候为目的的红树林保护项目碳汇方法学。

创新市场化主体供应公共性生态产品的新路径。深圳以轨道四期昂鹅车辆基地用地出让为试点，完成广东省内首宗附带生态修复任务的土地立体分层出让，成功搭建集生态修复、管护与土地出让为一体的生态产品价值实现新路径，已总结形成案例资料上报自然资源部。

开展生态产品目录及适宜性评价研究。深圳初步形成生态产品分类体系及开发利用适宜性评价方案，并探索可视化的生态产品呈现方式，争取发布全市域生态产品地图（微信小程序），为公众提供便捷的生态产品查询及引导服务。

第二节　蓝色生活发展开创新局面

一、建设山海连城的公园深圳

由深圳市规划和自然资源局、城管和综合执法局共同组织编制的《深圳市公园城市建设总体规划暨三年行动计划（2022—2024年）》于2022年经市城市规划委员会审议通过，提出打造横贯东西、串联山海的深圳主干游憩步道，西起深圳东莞交界的茅洲河口，东至大鹏半岛东端的鹿咀海岸，中间串联光明森林公园、凤凰山森林公园、阳台山森林公园、塘朗山郊野公园、三洲田森林公园等20余个自然郊野公园，以及公明水库、铁岗—石岩水库、深圳水库、三洲田水库等湖库景观，全长约300千米。"公园深圳"规划坚持以人民为中心、以生态文明为引领，将公园形态与城市空间有机融合，打造生产生活生态空间相宜、自然经济社会人文相融的复合系统，是深圳建设中国特色社会主义先行示范区进程中的一项重要举措。

二、打造湾区滨海旅游新引擎

滨海旅游消费市场扩容提质。中英街品质提升工程全面启动，东部华侨城升级改造、小梅沙海洋世界等项目加快推进。盐田区首家希尔顿欢朋酒店、首个"元宇宙"旅游沉浸体验项目顺利开业，东部华侨城"深夜食堂""云深夜阑"夜市成为夜经济新晋网红，半山公园带网红"湿地公园"火爆出圈，优质产品供给不断扩大。探索开发盐田至惠州、深汕、香港等地海上旅游项目。

聚焦于滨海走廊，打造湾区滨海旅游新引擎。盐田区围绕"全球海洋中心城市核心区"建设，推动"海洋—海岛—

海岸"立体开发，培育滨海旅游消费热点，打造具有国内外吸引力、影响力、竞争力的滨海旅游胜地。到2025年，开发5条海上精品旅游航线，引进落地5个以上海洋文旅投资项目。

联合开发深港跨境滨海旅游。盐田区深度对接香港北部都会区发展策略和"大鹏湾/印洲塘生态康乐旅游圈"发展计划，探索联合开发"跨境绿道游""跨境海岛游""跨境团体游"，打通东部郊野径与新界北城乡绿道，建设国际一流生态休闲走廊，开通盐田至香港吉澳岛、荔枝窝等跳岛游航线，共同打造"一程多站"精品旅游品牌体系。

大力发展游艇旅游产业。盐田区优化游艇行业市场准入环境，探索"一地两检""一次审批、多次进出"跨境游艇自由行模式，开发多样化游艇旅游航线，建立游艇俱乐部生态，拓展游艇海钓、游艇派对、游艇观光、游艇婚纱摄影等"游艇+"产品，大力培育集游艇销售展示、停泊保养、金融保险、会展娱乐、教育培训于一体的产业体系，打造大湾区游艇产业新高地。

加快构建"一主三辅"码头体系。盐田区改造金色海岸码头，重新开通梅沙客运码头，加快建设小梅沙码头，规划研究沙头角码头，紧抓香港沙头角码头开放契机，探索开通盐田至大湾区"9+2"城市群的海上客运航线，优化升级"海上看盐田"项目，推出定制式旅游航线产品，实现"从盐田看深圳、看湾区、看世界"。

提升滨海旅游休闲品牌能级。盐田区全面梳理海岸沙滩使用权，建设海洋渔业养殖科普基地，依托海洋体育"一中心三基地"，积极发展帆船帆板、赛艇潜水、尾波冲浪、水上自行车等海上休闲体验，引进海洋运动装备精品店、体验店、旗舰店，开发装备交易、运动培训、海上游乐、海底探险等新项目，探索洲仔岛海洋科普研学，打造世界级滨海休闲度假区。

打造世界级滨海风情带。盐田区依托海滨栈道开展分区段、分节点消费布局，推动海景公园建设，增设田心坊深港夜档、深港红人秀馆、水上舞台剧场、盐港落日驿站、梅沙艺创街、海上浮岛微乐园、水底生态长廊等新项目，构建集聚娱乐休闲、滨海观光、艺术体验、文化创意的最具魅力的滨海风情带。

三、打造"美丽海湾"建设典范

大鹏湾美丽海湾建设取得显著成效。大鹏新区印发《大鹏新区高品质"美丽海湾"规划》和《大鹏新区近岸海域水质提升暨"美丽海湾"建设实施方案（2022—2025年）》，编制大鹏湾—盐田段"美丽海湾"建设实施方案，其他沿海各区继续推进美丽海湾建设。大鹏湾近岸海域水质优良比例达100%，其中70%达到一类标准，湾内28条入海河流、89个入海排口水质全部达标，沙滩海滨浴场水质优良。生物多样性丰富，鸟类分布广泛，鱼类、甲壳类、头足类、贝类等游泳动物超过 190 种,藻类等浮游植物超过 130 种,蜂巢珊瑚、角蜂巢珊瑚、陀螺珊瑚、滨珊瑚等珊瑚超过 60 种,重点珊瑚分布区活珊瑚覆盖率达到 50%,成为近海生物多样性资源的重要分布区。

第三节 海洋文化建设迈出新步伐

一、推动海洋文化设施建设

福田区谋划建设国际海渔博览馆,拟打造集休闲、观光、科普、展示于一体的海洋渔业科普培训中心。南山区加快推动深圳歌剧院、赤湾海事博物馆等海洋设施建设,蛇口邮轮母港旅客国际中转区(一期)项目顺利通过验收,成为国内首个具有国际中转功能的海港客运口岸。推进前海客运码头规划建设,同时配套设置跨境直升机口岸,加强深港间基础设施的高效联通。盐田区海洋体育"一中心三基地"项目稳步推进,小梅沙海洋世界项目加快推进,深圳市东部海堤重建工程(三期)官湖东段、杨梅坑鹿嘴大道段两处滨海景观走廊正式开放。大鹏新区西涌海洋旅游度假区二期项目正式启动,深圳乐高乐园度假区持续推进,主题乐园地下桩基已完工,并已有序开展地面工程施工。深汕特别合作区建成以海洋为主题的"深圳图书馆小漠分馆",打造独具特色的海洋文化特色空间。

二、策划海洋文化系列活动

首届深圳国际海洋周。以"同一片海洋 同一个梦想"为主题,深圳首次举办国际海洋周活动,本届海洋周聚焦于艺术海洋、知识海洋、味道海洋、运动海洋、休闲海洋、生态海洋六大主题,采用线上线下方式,借助云地图、网络慢直播等新媒体手段,共计推出22项70多场活动,促进海洋文化艺术交流、科普教育、文体旅游、生态保护利用,全天候、多角度打造一场兼具大众性、科普性、专业性和国际性的全球海洋文化盛宴,全方位展现深圳建设"全球海洋中心城市"的历史底蕴和文化创意,打造具有深圳特色的海洋文化品牌。

2022世界海洋日（深圳）系列活动,深海科技创新发展论坛系列活动。在深圳市科学技术协会、深圳市大鹏新区管理委员会、"科创中国"大湾区联合体指导下,南方科技大学、深圳市大鹏新区坝光开发署、深圳市科技交流服务中心联合主办本次活动,以"保护海洋生态系统,人与自然和谐共生"为主题,将通过海洋系列主题演讲、深海科普摄影展、海洋竞技活动及科普知识讲座、海洋工程与技术主题展等方式,以全新的视野探索海洋奥秘、普及海洋知识,促进人与自然和谐共生。

第十六届海洋文化论坛。海洋文化论坛始于2007年,是深圳读书月的重点活动,长期得到深圳市宣传文化基金支持。2022年12月,第十六届海洋文化论坛在盐田区图书馆报告厅举办,邀请海内外知名海洋文化、经济研究学者邱震海、胡洪侠、胡振宇、钱江、爱德华、梁二平为嘉宾进行主题分享和对谈交流,为深圳的海洋文化发展建言献策,贡献盐田力量,进一步建立与境外文化与宣传、文献与展示的合作交流,提升海洋文化论坛的国际影响力,彰显盐田海洋文化特色与话语力量,助力盐田打造全球海洋中心城市核心区。

首届"盐田海洋图书奖"。由中共深圳市盐田区委宣传部、深圳市盐田区文化广电旅游体育局主办,深圳市盐田区图书馆、深圳市盐田区海洋文化研究会承办,深圳市盐田区宣传文化体育事业发展专项资金资助,"一带一路"图书馆联盟支持。盐田海洋图书奖以"传播海洋特色文化,推广海洋阅读理念,传递和谐自然生态和在地人文关怀"为活动宗旨,评选以海洋为主题、富有思想和远见、彰显科学态度、普及海洋知识的图书,为日益发展的中国海洋文化教育提供指导,推动全民参与海洋阅读与写作,推动海洋保护,在海洋好书的熏陶下树立新时代正确的世界观、自然观,为"美丽中国"的实现贡献绵薄之力。

"东西融合——世界看中国"古代海图展。2022年12月,"东西融合——世界看中国"古代海图展于盐田区图书馆开展,本次主题展览精心挑选3套17世纪西方最先描绘中国的地图集(共50余幅地图),旨在引导更多的读者从全球化的视角观照深圳、广东、中国乃至世界，以海为师，衔接古今，弘扬海洋文化。

"面朝大海·心向未来"2022深圳海洋诗歌季。2022深圳海洋诗歌季由深圳市文化广电旅游体育局、深圳市盐田区人民政府主办，中共深圳市盐田区委宣传部、深圳市盐田区文化广电旅游体育局承办。本次活动以"面朝大海·心向未来"为主题，以诗歌为载体，依托全民写诗、诗歌漫游城市、深圳采风、海边诗歌论坛与音乐会等多元化的表现形式，展示深圳、盐田的海洋文化魅力，带给人美好、希望和力量。

"山海连城·自然深圳"市民讲堂。由深圳市规划和自然资源局主办，共分10期，课程邀请多位知名自然学者担任导师，旨在科普自然知识、展现自然之美、揭示自然奥秘，从而培养市民爱护自然的意识。2022年，深圳本土自然与历史研究者南兆旭、南方科技大学海洋科学与工程系讲习教授刘青松博士、深圳大学海洋艺术研究中心学术总监梁二平等多位专家学者已开讲。

第九届《风帆时代》海洋绘画作品展。展览自2014年开始举办，连续9年得到深圳市宣传文化事业发展专项基金支持。本展览从自然风光篇、人文历史篇、现代海洋篇三大板块，展现新时代各领域艺术家们对海洋文明的歌颂。展览将海洋绘画盛宴献给热爱海洋艺术的广大市民，以艺术的方式传播中国海洋文化，展现中华文艺精神，传播当代中国海洋价值观念。同时聚合海洋艺术创作能量，推动我国海洋文化艺术的全面发展。

"海生万象——弃物新生命环保展。"本次展览聚焦于生态海洋主题，围绕"弃物重生"这一概念，邀请艺术家李昱昱、黑一烊进行驻地创作，在作品中思考人与海洋、人类社会与多样物种之间的关系，期待唤起市民对海洋环保的认知、提高公众意识的同时，也为深圳建设成为"全球海洋中心城市"注入更多元化的活力。

第十二届深圳湾国际游艇展。此次游艇展在广东深圳湾游艇会开幕，展出品牌众多，基本囊括了国际知名品牌，各种水上运动器材、设备、休闲时尚产品丰富。深圳湾国际游艇展成了世界游艇行业一年一度的盛事、深圳城市的名片、市民的节日。

国际儿童海洋节。2022年5月，深圳市蓝色海洋环境保护协会举办第五届国际儿童海洋节。国际儿童海洋节是为了契合深圳"全球海洋中心城市"和"儿童友好型城市"，目的是推动儿童海洋意识教育提升，保障儿童亲近自然、亲近海洋的权利，培养儿童海洋环保意识，倡议儿童从小关心海洋、关注海洋、保护海洋，最终能够沿着"一带一路"，走出深圳、走出中国、走向世界。第五届儿童海洋节以"从深启航，与海童游"为主题，内容包含海洋嘉年华，启动了粤港澳大湾区海洋绘本绘画艺术展、海洋公益自然课堂、"童行未来"海洋公益净滩活动、海洋文化探索大赛、特色海洋环保宣传基地服务等活动。

第十九届宝安区沙井金蚝美食民俗文化节。2022年12月，第十九届宝安区沙井金蚝美食民俗文化节（简称"沙井金蚝节"）在沙井古墟金蚝剧场如期拉开帷幕。"沙井金蚝节"由深圳市文化广电旅游体育局、宝安区人民政府主办，宝安区文化广电旅游体育局、宝安区沙井街道办事处承办，是深圳地区乃至广东省范围内历史最为悠久、规模最大、影响最广、最具代表性的传统民俗文化活动。在为期19天的沙井金蚝节里，举办了古墟美食文化节、"非遗"展览及展演、第二届"蚝乡赶集"蚝美生活节、商家联合让利大促销等四大系列23项精彩活动。"沙井金蚝节"致力于把沙井打造成为集历史文化、旅游、休闲娱乐、创意、经贸于一体的具有一流水平、综合性的蚝文化民俗文化旅游胜地。

三、打造海洋赛事品牌活动

全力打造精品赛事名片。引进高端体育赛事品牌，顺利申办水翼帆板世界杯亚洲分站赛、2022全国帆板锦标赛暨2023水翼帆板世界杯亚洲站测试赛、世界海岸赛艇沙滩冲刺赛等高端赛事；培育壮大区青少年海岸赛艇队，开展海岸赛艇、OP帆船、帆船帆板等水上运动项目培训。持续推进体教融合，成功输送两名运动员跨项入选"高台滑雪"国家青年队。

第六章

海洋开放合作——彰显全球海洋中心城市国际影响力

第一节　成立海洋国际发展合作平台

探索设立国际海洋开发银行。业务领域聚焦于海洋资源开发、海洋科技发展，沿海沿江地区发展，以及国际海洋基础设施互联互通、国际海洋生态环境保护、"一带一路"沿海国家地区经济社会发展等。

推动国际海事研究院落地。2022年6月，深圳大学与深圳市盐田区人民政府关于合作共建深圳国际海事研究院举行签约揭牌仪式。深圳国际海事研究院将致力于打造成为国际领先、国内一流的研究机构和高端智库，为深圳市全球海洋中心城市建设提供强大的人才保障和智力支持。国际海事研究院填补了深圳作为"海洋城市"国际海事智库的空白，研究院将按照"立足盐田、支撑深圳、合作香港、引领湾区、服务中国、面向世界"的总体思路建设和发展，打造国际海事领域政府智库机构、港航发展研究咨询服务平台以及全球海事学术与科技协同创新中心，未来重点推进国际海事的智库建设、行业服务、论坛会议、产业集群、技术孵化、国际合作等六方面工作，为中国海洋强国航运强国、深圳全球海洋中心城市、深港国际航运融合发展、盐田国际航运枢纽等战略做贡献。

第二节　打造海洋国际交流服务平台

举办 2022 中国海洋经济博览会。2022 海博会采用线上+线下模式，搭建经贸合作平台，推动海洋经济在产、学、研、用、投等多方面深度融合发展，重点培育发展海洋战略性新兴产业和深海未来产业等新引擎。筹办深圳国际渔业博览会。展会将以渔业合作为切入点，推动渔产品与技术展示、推广、交易、应用与交流，推进蓝色经济合作，打造粤港澳大湾区渔业产业链圈层融合、资源整合的共享合作平台、渔业发展风向标、"深蓝样板"。搭建海工装备交流合作平台。举办第十二届深圳国际海洋工程技术与装备展览会（CM 2022 深圳海工展），聚焦于海工、油气行业高质量发展，展示先进的水下智能装备和技术。举办"海工装备应用产业论坛"，为推动深圳海工装备行业的高质量发展搭建平台。举办"智能船舶前沿技术发展论坛"。探索智能船舶新技术的发展方向和未来趋势。举办"海洋智能装备专业论坛"，围绕水下机器人技术挑战与进展、智能船舶技术现状和发展等进行探讨，促进相关技术领域的产、学、研协同创新和成果转化。

第三节 加强国际海洋科技创新合作

深化深新海洋科技合作。2022年11月，深圳—新加坡智慧城市合作联合执委会第三次会议确定双方第三批共14个合作项目，并举行新一批8份合作备忘录签约仪式。中集海工与新加坡国立大学联合推进的中空纤维膜二氧化碳捕集利用及封存项目，被深圳—新加坡智慧城市合作联合执委会列入新一批中新合作项目。依托海洋工程领域的行业经验，中集海工已经布局海洋环保科技业务，涵盖国际远洋船只减排技术的应用、船用脱硫脱碳一体化系统研发及远洋船只新燃料供应及系统研发等。

中日企业合作研发世界首台"海空一体无人机"。中国深圳水下机器人初创公司鳍源科技（QYSEA）与日本电信公司KDDI和商用无人机公司PRODRONE合作，推出了世界首台"海空一体无人机"，将大型无人飞机与ROV相结合，实现陆地、空中、海洋无缝运行，扩展了传统ROV的作业范围，海洋勘探与作业的方式将迎来变革。该无人机由操作员在陆地利用远程移动通信网络控制，飞行到指定海域后降落海面，释放一个小型ROV执行水下设备检查、维修和采样、测量等工作，并提供实时视频影像，完成作业后该无人机将ROV回收后再返回基地。该无人机的水下作业深度受 ROV 的防水性能和电缆长度限制，目前作业深度可达 150 米。

支持国际海洋基础科学研究合作。2022 年，清华大学深圳国际研究生院海洋工程研究院与美国伍兹霍尔海洋研究所合作，通过宏基因组、宏转录组和地球化学分析研究了地球海洋最深处沉积物中微生物的基因组特点、生态潜能和物种新颖性；与密歇根大学安娜堡分校团队合作，在水面无人船避障路径规划领域取得新进展，通过引入流体力学知识，克服现有基于流线的避障路径规划算法无法满足海事航运法规的问题；与挪威科技大学团队合作，针对基于运动姿态的水面浮式结构物模型辨识问题，首次提出六自由度结构——海浪耦合模型辨识方法，同时实现模型的辨识和海浪力的估计，算法通过水池缩尺实验得到验证；与阿哥德大学、挪威科技大学团队合作，在海上风机自动安装研究领域取得新进展，提出基于主动缆绳张力控制的自动化单叶片欠驱动安装方法，通过控制连接在吊具上的水平缆绳的张力，实现在复杂风场情境下的叶根与轮毂间相对运动补偿。南方科技大学海洋科学与工程系与哈佛大学、加州大学圣克鲁兹分校团队合作，在海水硫酸盐三氧同位素研究中取得重要进展，揭示 1.3 亿年以来海水硫酸盐三氧同位素古环境记录，为解释海水硫酸盐三氧同位素组成的演变提供了新的理论框架，对古环境重建具有重要的指示意义。

第四节 响应《"海洋十年"中国行动框架(草案)》

在深举办"海洋十年"深圳倡议暨国际合作高端论坛。论坛以"携手海洋十年,共谱蓝色未来"为主题,由深圳市特区建设发展集团有限公司、深圳全球海洋中心城市建设促进会、南方科技大学三方联合主办,主论坛共商"海洋十年"的深圳倡议,下设"先进技术与平台建设""海洋负排放国际大科学计划""海洋生态与滨海城市可持续性发展国际合作"等3个分论坛。论坛为《"海洋十年"中国行动框架(草案)》提供交流平台,也为深圳建成"全球海洋中心城市"建言献策。深圳系统地推进全球海洋中心城市建设,聚焦于海洋经济、海洋科技、海洋生态与海洋文化、海洋综合管理和全球海洋治理五大领域,构建了全球海洋中心城市的"四梁八柱",未来争取成为引领全球价值链、共塑海洋命运共同体的城市发展典范。深圳将抓住联合国"海洋十年"倡议契机,积极参与全球海洋领域议程,为提升我国全球海洋治理能力做出更大的贡献。

第七章
海洋综合管理——海洋事业改革创新走在前列

第一节　加强海洋资源管理保障

加强海域海岛资源管理。深圳市规划和自然资源局完善《深圳经济特区海域使用管理条例》配套政策研究制定，推进围填海项目海域使用权转换国有建设用地使用权规定、海域立体分层确权管理制度、涉海工程规划许可和竣工验收技术规范等一批政策制度的研究，不断提升海洋资源管理和保护利用水平。统筹开展海洋自然资源调查体系研究、龙岐湾海域资源调查、前海湾海域资源调查、深汕海域海底地形测绘等海洋自然资源调查工作，构建海洋自然资源调查框架，进一步摸清海洋资源"家底"，为海域详细规划编制等工作筑牢基础。积极协调国家海洋信息中心，为涉局涉海部门开通国家海域海岛动态监管系统，建立健全从用海审查审批到批后监管的全过程信息化监管体系。加强海域使用金管理，开发建设海域使用金征收测算管理信息系统，完成蛇口渔港、南澳渔港、盐田渔港、深圳市东部海堤重建工程（三期）等一批项目的海域使用金减免审批工作。

强化重大项目用海要素保障。深圳市规划和自然资源局全流程加强重大项目服务，主动梳理卡点靠前服务，积极争取自然资源部、广东省自然资源厅等有关部门支持，保障重大重点和公共基础设施用海项目建设。全力推进盐田港东港区一期工程涉及用海手续办理工作，高效推动项目用海调整获得自然资源部批复，协调推动项目围填海历史遗留问题处置方案备案，并靠前指导项目单位开展填海竣工验收申请等工作。协调广东省自然资源厅完成深圳市海洋新兴产业基地（海洋新城）填海区域海洋生态保护红线调整工作，推进海洋新城四座钢便桥用海手续办理，深圳市海洋新兴产业基地项目（一期）获自然资源部填海竣工海域使用验收合格。完成矾石水道航道一期、深圳市东部海堤重建工程（三期）、深汕海洋观测站、宝安综合港钢便桥工程等重大防灾设施、市政设施用海手续办理工作。

深化海岸带、海岛、海域、湿地等相关专项规划的编制、研究和技术服务。深圳市规划和自然资源局开展《深汕特别合作区海岸带综合保护与利用规划》《小铲岛保护和利用规划及方案论证研究》《深圳市东部海域游憩用海布局研究》《福田区湿地保护规划（2022—2035）》，小梅沙、土洋—官湖、金沙湾、前海湾等重点海域详细规划，《深圳市海域详细规划编制技术指引》等规划与技术规范编制工作，为进一步优化拓展海洋发展空间，推动海洋经济高质量发展奠定空间基础。

第二节 提升海洋精细化管理水平

海洋标准化工作有序推进。深圳市规划和自然资源局编制的《深圳市海洋灾害预警信号发布规范》《深圳市海洋灾害隐患排查技术导则》经深圳市市场监督管理局批准，分别于2022年4月和2022年12月正式发布。深圳市规划和自然资源局启动《深圳市海藻场调查技术规程》标准编制，填补国内海藻场调查技术规范的空白，指导深圳海藻场生态系统的调查监测，服务深圳海藻场生态系统的保护和修复工作，推动海洋生态文明建设。

海域精细化管理稳中有进。深圳市规划和自然资源局健全完善项目用海全流程技术监管，通过批前现场踏勘、海域使用论证技术审查、宗海图审核，批后持续性动态监管、填海竣工验收见证测量及海域使用评价等工作，构建"全覆盖、无死角"的项目用海监管体系。2022年完成现场踏勘18次，出具海域使用论证技术审查意见6份，发现疑点疑区44处。按照"单点报+季度报"双模式为各级海洋行政主管部门提供21份单点报和4期季度报。为围填海历史遗留问题处置现场测量、立案处罚图件、两线之间等专项工作提供技术支持，制作约169份专题图件。通过全海岸线动态监管，及时预警深圳市自然海岸线保有率的刚性管控指标。

开展海域管理专项工作。分类分批加快围填海历史遗留问题处理，4个已批准类项目编制完成生态评估报告并通过广东省自然资源厅评审。组织开展规范填海项目竣工验收及使用权登记发证专项工作，全面梳理清查全市围填海项目的基础资料及竣工验收、确权情况等，规范填海项目批后管理。基本完成南山区、大鹏新区无证海水养殖整改清理工作，自然岸线保护、海岸线精细化管理等专项工作在广东全省考核中排名前列。

编制《深圳市国土空间生态保护修复规划（2021—2035年）》。坚持保护优先、系统修复、综合治理的整体思路，遵循目标导向、问题导向、实施导向相结合的原则，深圳市规划和自然资源局编制完成面向2035年的深圳市国土空间生态保护修复规划。规划提出湾区协同保护、维育山脊绿脉、护卫蓝色国土、重归清碧水畔、构建生物多样性保护网络、提升城市环境品质等6个方面的主要任务。

建立健全生态修复标准规范和工作体系。深圳市规划和自然资源局印发《深圳市海岸带生态修复技术指引（试行）》，对砂质海岸、红树林、珊瑚礁等8类典型的海洋生态系统生态修复工程的原则、目标、流程、技术等进行规范，并在全市开展先行先试，不断修改完善。2022年，深圳市茅洲河生态修复综合治理项目（光明段、宝安段）、大沙河生态长廊生态修复项目、大梅沙海滨公园整体生态修复工程荣获"广东省第二届国土空间生态修复十大范例"，在不断的探索中，积累丰富的生态保护修复实践经验，有效打造国土空间生态修复的深圳样板。

第三节 海洋综合执法提质增效

有效破解历史用海难题。2022年，深圳市规划和自然资源局组织开展历史遗留用海问题专项执法检查48次，现场勘查16个纳入国家图斑清单的历史围填海情况及存在问题，完成盐田港围填海历史遗留问题图斑的处理。对深圳市东、西部海域历史养殖渔、蚝排开展清理工作，成功制止顶风违规增改扩建渔、蚝排行为21起，清退非法占用海域面积16624公顷。完成大鹏教育基地海上构筑物非法占用海域问题整改。

有效保护海洋生态环境。健全执法队伍与执法船之间部门联防联控工作机制，深圳市规划和自然资源局充分发挥海上协同执法工作机制，积极加强与公安、海警、海事以及生态环境等部门的联动，深入开展近岸海域污染防治、"洁岛净滩"、"靖海2022"等专项执法行动，突出对非法倾废、非法采砂等违法行为的严防死守，创新探索海岛生态保护和非法围填海快速处置工作机制，强化对海洋新兴产业基地、东部海堤修复工程等项目的监督检查。2022年开展无居民海岛巡查1344个次，检查海洋工程建设及航道疏浚项目920个次，检查陆源入海排污口34个次，查处海洋行政处罚案件14宗。落实珠江口河道内非法洗砂洗泥以及危险废物海上外运处置环保督察问题整改，有效守护海洋生态发展红线。

开展渔业执法专项行动。在夯实三巡工作制度的基础上，以"护渔""亮剑"等系列渔业执法专项行动为抓手，定期联合香港渔护署、水警开展深港交界水域执法行动，打击海上各类违规捕捞行为。创新水生野生保护动物普法宣传及执法监管机制，研究完善水生野生保护动物营救转运机制，首次联合中国民主促进会深圳市委员会开展大型普法行动，组织开展在线直播座谈活动，并开展专项执法检查。2022年全年开展渔船渔港日常巡查、专项执法和联合执法共2356次，检查各类渔船4065艘次，查获"三无"船舶98艘、违法网具约26450米、违规笼具39个；办结渔业案件43宗，执行罚款65.85万元；检查水生野生动物养殖场所76家，救助国家、省级水生野生保护动物35只，处置外来有害水生鳄雀鳝事件1次；督促并护航两家用海企业向海域增殖放流波纹巴非蛤约300万粒。

开展"商渔共治"专项行动。根据《国务院安全生产委员会关于加强水上运输和渔业船舶安全风险防控工作的意见》以及广东省《关于防范商渔船碰撞推进"商渔共治"的工作安排》要求，深圳市规划和自然资源局按照"商渔共治2022"专项行动方案统一部署，构建防范商渔船碰撞长效机制，不断深化与海洋、海警、公安等涉海部门的联动协作，建立定期会晤、日常联系、信息通报、执法联动、教育宣贯、资源共享等工作机制，扎实开展为期3个月的"商渔共治"

专项行动,与涉海部门共开展联合巡航 10 次,开展联合执法行动 66 次,对相关违法行为立案 58 宗;辖区未发生一般等级以上商渔船碰撞事故,专项行动取得积极成效。

执法规范化建设水平持续提高。深圳市规划和自然资源局修订《深圳市海洋行政处罚自由裁量标准》,编制队伍执法操作指引,推动行政处罚文书格式及编号"双统一",推动全市海洋综合执法"一把尺"。编制规范重大行政处罚案件办理流程,严格执行重大处罚案件集体讨论制度,切实发挥领导集体讨论在行政处罚中的作用。2022 年以来,支队编制完成行政执法文书模板 1 套,审议重大处罚案件 22 宗。落实包容审慎监管制度,编制《深圳市海洋综合执法支队列入轻微行政违法行为事项清单》,对 8 项符合法定减免罚标准的轻微违法行为不予行政处罚,依法办理 4 宗延期、分期缴纳罚款手续。

全力保障渔船渔港安全。打好渔业船舶安全三年专项整治行动收官战,做好平安广东建设、平安深圳建设、涉外渔业综合管理、水上交通安全监管等七大安全考核迎检工作,深圳市规划和自然资源局编制《深圳市渔业船舶安全生产风险分级管控和隐患排查工作指引》《深圳市渔业安全生产约谈制度》等文件 4 份,开展渔船渔港安全执法行动。继续实施渔船检管分离第三方服务,完成船舶检验 425 艘次。积极协调海事、海警等涉海部门,完成蛇口渔港和小铲岛航道维护疏浚工作,打造安全通畅的"黄金水道",保障渔船进出港通航安全。

强化安全培训,提升海上应急救助能力。深圳市规划和自然资源局组织开展公务船海上消防应急演练、公务船船员技能培训及各类渔民安全培训,培训渔民群众和一线执法人员219人次,进一步增强船员海上消防和救生应急技能。组织开展商渔船防碰撞宣传和执法行动共8次,从源头上降低商渔船碰撞风险,维护深圳海域通航环境安全。开展防御台风等灾害性天气行动9次,督促海上渔船回港避风159艘次,转移海上作业人员125人次上岸避风,保持"零事故、零伤亡、零损失"的防台目标。积极参与海上应急搜救工作6次,及时救助急症患者1人,成功调处海上渔事纠纷1起。

强化海事安全长效监管。深圳市海事局开展水上交通安全专项整治三年行动巩固提升、安全生产强化年行动。构建"1+4"市区两级水上交通安全委员会体系。与深圳市城市公共安全技术研究院达成全面深化战略合作,成立深圳市水上交通安全研究中心。建立"监管责任一张网、风险隐患一张图、防控措施一张表"的"三个一"监管体系,形成问题隐患挂牌督办、整治销号、"回头看"工作闭环。建立"首到必查""长期到港船定期检查""水上无线电秩序管理"等长效监管机制,统筹开展内河船非法从事海上运输、船舶载运危险货物安全风险集中治理,辖区安全监管效能持续提升。建成以指挥中心为枢纽、执法大队为力量的现场综合执法机制,全要素水上"大交管"运行成效显著。完善市区两级海上搜救机构建设机制，推动深圳市首个区级海上搜救中心挂牌成立，顺利完成"5·17"船舶碰撞、"中联亚博"集装箱落海等事故应急处置与海事调查工作。

强化水上赛事活动安全监管工作。一是严格审核赛事材料，确保符合安全要求。二是建立信息互通渠道，形成监管合力。三是强化综合巡查，督促赛事方落实安全保障措施。2022年共计出动海巡船艇8艘次、各类执法人员36人次，保障了海上赛事的安全开展。2022年，深圳辖区共开展各类海上赛事4场，累计128艘次船只参与赛事活动。

第四节 推动海洋防灾减灾体系建设

海洋气象防灾减灾精密监测能力有效提升。深圳市气象局优化地—空—天—海观测布局，针对海洋观测、立体观测等重点区域观测不足，提供重点区域百米级5分钟数据产品。围绕各区各有关行业领域防灾减灾服务需求，市区联动加密建设常规区域气象观测站、高楼自动气象站和多功能杆微气象站。建成了更密集的海洋气象探测网，形成深圳东西近海海洋气候观测/浪潮等海洋监测，海洋气象平面监测向立体观测转变，海洋气象要素观测向海洋气候观测转变，实现对海上台风、西南季风监测能力的提升，南海台风监测防线从离岸300千米向珠江口近岸加密达到离岸100千米，海面站网平均间距 100 千米，沿岸自动站网平均间距从 15 千米缩短至 10 千米，近海海上大风和沿岸海区海雾、强对流等灾害性天气监测率达到 90%，南海台风监测率稳定在 100%。

海洋观测预报能力不断强化。深圳市规划和自然资源局开展海洋观测设备检定和校准，更换老化设备，确保观测数据质量。规范常规预报工作，提升极端天气下海洋预警预报服务能力。为港澳流动渔民转运提供专项海洋预报服务。全力应对"暹芭""木兰""尼格"等多个台风，共计发布 16 期海洋灾害研判、29 期海洋警报单、29 期海洋预警信息单、25 期海洋预警信息专报及 164 期海洋实况信息，服务各类防台责任人约 62.3 万人次，保障人民群众生命财产安全。对大亚湾核电、深圳海事局等 27 家涉海企事业单位海洋预警报产品服务需求开展调研，加大预警报服务力度。完成深圳市海洋灾害风险普查工作，编制《深圳市海洋灾害风险普查数据成果质量审核报告》。

提升精细化预警服务能力，完善海洋气象预报预警服务业务支撑系统。深圳市气象局提升深圳海域预警短信精细化发布能力，实现特定人群（海上作业人群）精细化预警信息发布能力。将海上分区预警区域由 2 个预警区域细分为 4 个预警区域。建成了智能监测预警预报一体化平台，以信息化和智能化深度预报业务核心平台，重造预警预报业务流程，实现 80% 以上的预报和服务产品智能生成、自动更新、实时监控、一键式发布，气象预警预报服务应天而动，提升气象预警预报服务的主动性、提前量和敏感度。完成了海洋气象灾害监测预报预警技术开发和工程化应用，业务上应用新产品新技术优选3种数值模式预报结果，提供粤港澳大湾区预报产品，形成三维大风、雾、风暴潮产品。

开展海洋行业气象服务项目。完成了基于移动端深圳天气微信公众号搭建深圳市海洋行业气象服务平台，利用深圳市气象局引进的海雾反演等海洋天气产品，对海雾、台风、海上强对流等进行实时监测及预报，提升了海上气象灾害风险分析和预测预警能力，为基于细分海域的风、温、雾、浪、潮等监测预警预报产品提供了专业气象服务，为滨海旅游、海上施工建设、海洋经济产业等提供了精细化和直通式的气象防灾减灾保障。

第八章
深圳海洋事业发展展望

第一节 重指引——完善海洋制度体系，规划推动陆海统筹

准确把握陆域与海域空间治理的整体性和联动性，加快构建"多规合一"的国土空间规划体系。立足国家与深圳市发展需要，按照国土空间规划编制要求探索适合新时代国情的海洋空间规划体系，将海洋规划融入同级国土空间规划中并推动落地实施。创新推动海洋经济发展的制度、措施和办法，构建有利于海洋经济高质量发展的长效机制。

第二节 激活力——促进重大项目落地，助力优化发展环境

强化海洋基础研究项目、应用研究项目分级分类管理，高效推进海洋重大项目建设，加大对中小企业重大关键技术研发资金支持力度。发挥重大项目牵引和政府投资撬动作用，积极扩大有效投资，加强社会资本投融资支持，做好重大项

目跟踪服务，及时跟进、梳理和掌握全市海洋重点产业链项目推进情况，做好项目全生命周期跟踪与协调服务，保障优质项目产业推广和应用。

第三节 稳经济——培育壮大产业集群，释放经济发展潜力

以培育海洋产业集群为抓手，整合优化人力和科技创新资源，推动产业链上中下游企业、大中小企业、链主及配套企业协同发展，以"链长制"工作为基础加速实现"海洋产业链图景上网、企业供需信息链内共享"。联合涉海龙头企业和科研机构，以"管理需求创新+技术协同创新+商业模式创新"推动高端装备制造、电子信息、新能源等不同涉海产业领域深度融合，构建前沿技术创新及成果转化体系。

第四节 强支撑——强化基础设施支撑，赋能海洋高质量发展

发挥海洋大学、深海科考中心等科研平台与高校平台的作用，联合国内一流高校、科研院所、创新企业，在深圳共建联合实验室、研发中心、工程技术中心、产业创新中心等开放共享式协同创新合作平台，推动产学研深度合作。吸引

国内特别是港澳高校、科研机构在深圳建设一批新型重点实验室以及院士工作站、博士后工作站、博士后创新实践基地等引智载体。

第五节 求创新——奋力提升科创水平，打通海洋科技创新链

进一步加强基础研究、应用基础研究和技术攻关项目等市级科技计划对海洋领域的支持力度，提升海洋基础研究先导和转化功能、海洋资源开发能力、创新科研成果转化能力和行业标准制定能力，深度介入全球海洋创新网络，打造南中国海海洋产业与技术创新发展策源地。发挥深圳的市场机制优势，以需求为导向，通过提供企业参与海洋科技成果转化的激励政策、引导措施和科技金融服务，调动更多的优势科技企业，特别是具有创新活力的中小型高科技企业"向海发展"的积极性。